应用型本科信息大类专业“十二五”规划教材

C++程序设计案例教程

主　编　吴　艳　冉　娟
副主编　殷　妍　姜志明　朱　林
　　　　赵凤怡　李　聪

华中科技大学出版社
中国·武汉

内容简介

"C＋＋程序设计基础"是计算机专业的一门专业基础课程，同时，C＋＋语言也是编程爱好者所需要了解和掌握的基础语言，因此，也就出现了种类繁多、各具特色及针对不同层次学生的C＋＋程序设计教材。本书以C＋＋程序设计的理论知识为基础，以案例为主线，采取由浅入深、逐步递进的方式阐述了C＋＋程序设计的理论知识和具体应用。也就是说，本书既没有忽视理论的重要性，同时也注重学生实践能力、应用能力及创新能力的培养。

本书共9章，其中第1章为C＋＋概述；第2章为C＋＋程序设计基础；第3章为函数；第4章为指针和引用；第5章为类和对象；第6章为继承与派生；第7章为运算符重载；第8章为文件与流类库；第9章为模板与异常处理。

本书的特点是紧贴计算机专业教学的需求，图文并茂；以基本理论知识为基础，以实际应用为主线，通过形象的展示，将抽象的知识生动化，同时以吉祥航空公司货物运输实际项目为案例，将分散的知识点连接成串。

为了方便教学，本书还配有电子课件等教学资源包，任课教师和学生可以登录"我们爱读书"网（www.ibook4us.com）免费注册下载，也可以发邮件至 hustpeiit@163.com 免费索取。

本书适合作为普通本科院校、独立学院、高职高专等学校计算机专业及其他相关专业的程序设计基础教材，也可以作为广大编程爱好者及技术人员学习编程技巧、参加计算机专业技术资格考试以及从事计算机软件开发研究与应用的参考书。

图书在版编目(CIP)数据

C＋＋程序设计案例教程/吴艳，冉娟主编.—武汉：华中科技大学出版社，2014.5
ISBN 978-7-5680-0118-2

Ⅰ.①C… Ⅱ.①吴… ②冉… Ⅲ.①C语言-程序设计-高等学校-教材 Ⅳ.①TP312

中国版本图书馆CIP数据核字(2014)第100482号

C＋＋程序设计案例教程　　　　吴艳　冉娟　主编

策划编辑：康　序
责任编辑：康　序
封面设计：李　嫚
责任校对：周　娟
责任监印：张正林
出版发行：华中科技大学出版社（中国·武汉）
　　　　　武昌喻家山　　邮编：430074　　电话：(027)81321915
录　　排：武汉正风天下文化发展有限公司
印　　刷：华中理工大学印刷厂
开　　本：787mm×1092mm　1/16
印　　张：16.5
字　　数：417千字
版　　次：2014年9月第1版第1次印刷
定　　价：35.00元

华中出版

前言 PREFACE

20世纪90年代以来，面向对象程序设计(object oriented programming, OOP)成为计算机程序设计的主流，其设计思想逐步被越来越多的软件设计人员所接受。C++语言是在C语言的基础上发展起来的，它不仅集成了C语言灵活高效、功能强大、可移植性好等特点，而且引入了面向对象程序设计的思想和机制，可以在很大程度上提高编程能力，减少软件维护的开销，增强软件的可扩展性和可重用性。

C++是优秀的程序设计语言之一，它以其独特的语言机制在计算机科学领域中得到了广泛的应用，并逐步为广大程序设计人员所青睐。

本书以短小精悍的例题作为课内案例，针对每个章节的知识点进行详解及扩充，课内案例均是人们生活中喜闻乐见的问题，这样让读者更容易理解。此外，全书又是以吉祥航空公司货运费用计算案例为背景，分解C++语言中主要知识点，更形象地进行知识的应用，让读者在对知识点的掌握有侧重点的同时学会如何分析实际问题、如何解决实际问题，提高读者的实践能力。

本书共9章，其各章节的内容大致如下。

第1章介绍了C++语言的发展和特点、C++程序的基本结构，以及完成C++程序开发的完整步骤。

第2章介绍了C++程序基础知识，主要包括程序中的基本元素，基本数据类型和用户定义数据类型及对应的表达式等，此外，详细介绍了三种基本程序设计结构。

第3章介绍了函数，主要包括函数的分类，函数的定义与声明，函数的调用以及常用的特殊函数。

第4章介绍了指针和引用，主要介绍指针的定义、初始化以及应用，引用的定义、初始化以及指针与引用的关系。

第5章介绍了类，主要介绍类的定义及应用，构造函数与析构函数的作用及定义，静态成员和友元函数的应用。

第6章介绍了继承与派生，主要介绍了继承的分类以及派生类的定义与应用。

第 7 章介绍了运算符的重载。

第 8 章介绍了文件与流类库。

第 9 章介绍了模板与异常处理。

本书的每一章后面均有小结以及习题，习题中的练习是为验证读者对章节中知识的消化、理解程度。同时，促进读者对章节知识侧重点的理解与应用。书后的实验内容是一个完整项目的分解，通过实验课上的练习，有助于提高读者的实际操作能力及运用能力。本书还配有教学大纲、实验大纲以及电子课件等相关教学资源。

本书由辽宁科技学院吴艳、天津大学仁爱学院冉娟担任主编，天津大学仁爱学院殷妍、大连科技学院姜志明、东南大学成贤学院朱林、华中师范大学武汉传媒学院赵凤怡、武汉科技大学城市学院李聪担任副主编。其中，第 1～4 章由吴艳编写，第 5 章由殷妍编写，第 6 章由朱林编写，第 7 章由姜志明编写，第 8 章由李聪编写，第 9 章由赵凤怡编写。另外，实验项目由冉娟编写，并且由冉娟进行习题答案整理以及对全书进行统稿。

为了方便教学，本书还配有电子课件等教学资源包，相关教师和学生可以登录“我们爱读书”网(www.ibook4us.com)免费注册下载，或者发邮件至 hustpeiit@163.com 免费索取。

由于编者水平有限，书中错误和疏漏之处在所难免，恳请广大读者批评指正。

编　者

2014 年 4 月

目录 CONTENTS

第1章 C++概述

C++语言作为面向程序设计语言的基础，其鲜明特色和强大功能是其他语言所不能比拟的。通过了解C++语言的发展及特点、C++源程序的基本组成和C++源程序开发的基本过程，能够对面向对象程序设计的开发有初步了解，为后续程序设计的学习奠定坚实的基础，本章要求重点掌握C++源程序的基本构成以及C++源程序的实现方法与步骤。

1.1 C++发展和特点

20世纪90年代以来，面向对象程序设计(object oriented programming，OOP)成为计算机程序设计的主流，其设计思想逐步被越来越多的软件设计人员所接受。C++语言是在C语言的基础上发展起来的，它完全兼容了C语言，不仅集成了C语言灵活高效、功能强大、可移植性好等特点，而且引入了面向对象程序设计的思想和机制，可以在很大程度上提高编程能力，减少软件维护的开销，增强软件的可扩展性和可重用性。

C++是优秀的程序设计语言之一，由于C++语言在兼容C语言的基础上，添加了自身个性化的特性，因此比C语言更容易为人们所学习和掌握。C++语言以其独特的语言机制在计算机科学领域中得到了广泛的应用，并逐步为广大程序设计人员所青睐。

1.1.1 C++的发展历史

C语言是贝尔实验室的Dennis Ritchie在B语言的基础上研发出来的，于1972年实现了最初的C语言。由于C语言是与硬件无关的程序设计语言，因此，用C语言编写的程序可以移植到大多数计算机上。C语言被人们所熟知是它作为UNIX操作系统的开发语言身份的亮相。到20世纪70年代末，C语言开发程序的技术已经发展得相当成熟了。

C语言具有以下优点。

(1) 语言简洁、紧凑，使用方便、灵活。C语言只有32个关键字，程序书写形式自由。

(2) 丰富的运算符(如逗号运算符、赋值运算符等)和数据类型(基本数据类型和用户自定义数据类型)。

(3) C语言可以直接访问内存地址，并且能进行位操作，是较为适合开发操作系统的语言之一。

(4) 生成的目标代码质量高，程序运行效率高，可移植性好。

当然，C语言也有很多不足，体现在以下几个方面。

(1) C语言类型检查机制相对较弱，使得程序中的某些错误不能在编译时发现。

(2) C语言本身几乎不支持代码重用，因此，程序开发的效率不是很高。

(3) 用C语言不适合开发较为复杂、规模较大的软件。因为，当程序规模达到一定的程度时，程序员就很难控制其复杂性。

因此，1980年贝尔实验室的Bjarne Stroustrup开始对C语言进行改进和扩充。最初的成果称为“带类的C”，1983年正式命名为C++，在先后经历了3次对C++的修订后，于1994年制定了ANSI C++标准的草案。由此可见，C++语言是建立在C语言的基础上的,C++语言包含了C语言的全部特征、属性和优点,同时又增加了面向对象的程序支持。

1.1.2 C++的特点

C++语言包括过程性语言部分和类部分。过程性语言部分与C语言并无本质上的差别,只是在版本上有所提高,在功能上有所增强。类部分是C语言中所没有的,它是面向对象程序设计的主体。

目前,程序设计方法正在从结构化程序设计向面向对象程序设计过渡。从根本意义上说,C语言能够很好地支持结构化程序设计,而C++语言更能很好地支持面向对象程序设计。C语言程序设计开发锻炼了程序员进行抽象程序设计的能力,而C++语言则是C语言的扩展,它分享了C语言的许多技术风格,同时增加了自己的特色,其主要特点包括以下几点。

(1) 由于C++语言全面兼容C语言,因此许多C语言代码不经修改就可以在C++语言中使用。

(2) 用C++语言编写程序可读性更好,代码结构也更为合理,生成代码的质量较高。

(3) C++语言从开发时间、费用,软件的可重用性、可扩充性、可维护性和可靠性等方面相对C语言都有很大的提高。

(4) C++语言支持面向对象程序设计,比较符合人类解决实际问题的思维方式。

1.2 C++程序基本结构

1.2.1 简单的C++小程序

下面通过编制一个小的程序来认识一下C++程序的基本结构。

【例1-1】 简单的C++小程序。

```
#include <iostream.h>  ← 编译预处理命令
voidmain()
 {                      程序主体          注释部分
   cout<<"It's a C++ Programming!"<<endl;   //在显示器上显示结果
 }
```

运行结果为:

```
It's a C++ Programming!
```

1.2.2 程序构成

上一小节介绍了用C++语言编写的小程序,本节则详细介绍C++程序的构成。C++程序可以理解为是使用C++语言给计算机写了一份工作指示书,要求计算机按照其要求来完成一系列的工作。这份指示书就像其他一些必要的文书一样需要有固定的格式。一般情况下,C++程序结构由三部分组成:注释、编译预处理和程序主体。

1. 注释

注释是程序员为某一条语句或是一段代码所做的必要说明,其目的是为了提高程序的可读性。一般可将注释分为两种类型:序言性注释和解释性注释。序言性注释是用在程序开头,说明程序或文件的一些概要信息,包括程序或文件的名字、用途、编写时间、编写人等;解释性注释是用在程序中某一条语句的后面,是为了解释或介绍该语句的功能。注释内容是为阅读程序的读者提供相关的参考信息,在程序执行过程中会自动略过这些注释语句。

注释有两种格式:"//"一般只能写一行注释,常放在程序的开头;"/*……*/"可以包括多行注释内容,常放在程序中的语句后面。

【例 1-2】 编写程序实现求一个矩形面积(要求:理解注释的应用)。

```
//完成求任意大小的矩形面积功能
#include <iostream.h>
void main()
{
  int a,b,s;/* 变量 a 和 b 用来存放矩形的长和宽的值,s 用来保存其面积。*/
  cin>>a>>b;
  s=a*b;    //求矩形面积
  cout<<"矩形面积是:"<<s<<endl;
}
```

2. 预处理命令

编译预处理命令也称为预处理器,以"#"开头,它不属于 C++程序的语句部分,而是预处理命令行。"#"必须是该行除了任何空白字符外的第一个字符,"#"后是指令关键字,在关键字和#号之间允许存在任意多个的空白字符。该指令将在编译器进行编译之前对源代码进行某些转换。其格式如下。

```
#< 预处理命令> < 预处理信息>
```

常见的预处理命令包括 3 类:文件包含命令(include)、宏定义命令(define)和条件编译命令(undef、if、endif 等)。下面详细介绍几个常用的预处理命令。

1) 文件包含命令 include

该命令的作用是在指令处展开被包含的文件。包含可以是多重的,也就是说,一个被包含的文件中还可以包含其他文件。在程序中包含文件有以下两种格式。

```
#include  <文件名.扩展名>        //例如 #include <iostream.h>
#include  "文件名.扩展名"        //例如 #include "math.h"
```

第一种格式是用尖括号把文件括起来,这种格式告诉预处理程序在编译器自带的或外部库的文件中搜索被包含的文件。第二种方法是用双引号把文件括起来,这种格式告诉预处理程序在当前被编译的应用程序的源代码文件中搜索被包含的文件,如果找不到,再搜索编译器自带的文件。两种格式没有绝对的区别,可以互换使用,主要是对存放在不同的位置的文件进行查找时,在程序的执行速度上的区别。

2) 宏定义命令 define

该命令的作用是定义一个代表特定内容的标识符。预处理过程会把源代码中出现的宏标识符替换成宏定义时的值。宏定义分为两种情况:带参数的宏定义和不带参数的宏定义。

(1) 不带参数的宏定义,其定义格式如下。

```
#define  标识符  标识符代表的代码
```

其功能是,在其定义之后的源代码中,遇到该标识符就用相应的代码来替代。这种宏把程序中要用到的一些全局变量提取出来,用一些容易记忆的标识符代替。例如:

```
#define MAX  10
int  array[MAX];          //定义了一个一维数组 array,数组里含有 10 个元素
for(int i=0;i<MAX;i++)   /*循环控制变量 i 的结束条件是 i 大于等于 10 时*/
```

上述例子中,第一行定义了标识符 MAX,它有特定的含义:代表一个具体的整数值 10。第二行中,利用标识符 MAX 给出了数组所能容纳的最大数组元素个数为 10。第三行中,利用标识符 MAX 控制着循环条件,循环控制变量 i 从 0 开始循环,到 MAX－1 结束,共循环 MAX 次。

注意:(1) 在 C++语言的程序中,允许多次使用定义过的宏定义。

(2) 作为一种约定,习惯上总是用大写字母来定义宏名,这样易于把程序中的宏标识符和一般变量标识符区别开来。

(3) 宏表示的值可以是一个常量,也可以是一个常量表达式,其中还允许包括前面已经定义过的宏标识符。例如:

```
#define ONE 1
#define TWO 2
#define THREE (ONE+TWO)
```

上面的宏定义使用了括号,尽管它们并不是必需的,但基于某些特殊情况的考虑,应该加上圆括号,这样更安全。例如:

```
int six=THREE*TWO;
```

预处理过程把上面的一行代码转换成式子:six=(ONE+TWO) * TWO;若上述的宏定义替换语句中没有加圆括号的话,则该式子就转换成:six = ONE + TWO * TWO;可见,这样的转换并非用户的本意。所以一般当宏替换的文本是表达式的时候应尽可能地用圆括号括起来。

(4) 宏还可以代表一个字符串常量。例如:

```
#define INSTRUCTION  "C++ Version 6.0"
```

(2) 带参数的宏定义,其定义格式如下。

```
#define 标识符(参数表)  标识符代表的代码
```

带参数的宏和函数调用看起来有些相似。例如:

```
#define  area(x)   ((x)*(x))
```

可以用任何数值表达式甚至函数调用来代替参数 x,需要读者注意的是圆括号的使用。宏展开后完全包含在一对圆括号中,而且参数也包含在圆括号中,这样就保证了宏和参数的完整性。例如:

```
int num=5+6;
result=area(num);
```

展开后为((5+6) * (5+6)),如果没有圆括号,则展开后就变为 5+6 * 6+6 了。

3) 条件编译指令

条件编译指令将决定哪些代码被编译,而哪些代码不被编译。可以根据表达式的值或某个特定的宏是否被定义来确定编译条件。

(1) #if 指令。#if 指令用于检测跟在指令关键字后的常量表达式。如果表达式为真,则编译后面的代码,直到出现#else、#elif 或#endif 指令为止,否则就不编译。

(2) #endif 指令。#endif 用于终止#if 预处理指令。

【例 1-3】 条件编译指令#if 与#endif 的应用案例。

```
#include <iostream.h>
#define  DEBUG  0
void main( )
{
  #if DEBUG                    //DEBUG值为0
    cout<<"Debugging"<<endl;
  #endif
    cout<<"Running"<<endl;
}
```

运行结果为：

```
Running
```

说明：由于程序定义 DEBUG 宏代表 0，所以＃if 条件为假，不编译后面的代码直到＃endif，所以程序直接输出 Running。读者自行思考，若在定义宏 DEBUG 时，将其代表的代码变为 1，则该程序的运行结果是什么呢？

(3) ＃ifdef 和＃ifndef 指令。＃ifdef 表示如果宏定义存在，则执行后面的代码直到＃endif；＃ifndef 与＃ifdef 含义正好相反。

【例 1-4】 ＃ifdef 和＃ifndef 的应用案例。

```
#include <iostream.h>
#define DEBUG
void main()
{
  #ifdef DEBUG
    cout<<"yes\n";
  #endif
  #ifndef DEBUG
    cout<<"no\n";
  #endif
}
```

运行结果为：

```
yes
```

说明：上述例题中在第二行定义了宏名 DEBUG，所以在＃ifdef 中为真，执行后续语句直到＃endif。读者自行思考，若取消上述例题中第二行的宏名 DEBUG 的定义，则该程序的执行结果是什么呢？

注意：＃ifdefined 等价于＃ifdef，＃if！defined 等价于＃ifndef。

(4) ＃error 指令。＃error 指令将使编译器显示一条错误信息，然后停止编译。编译程序时，只要遇到 ＃error 就会跳出一个编译错误，其目的就是保证程序是按照用户所设想的那样进行编译的。

【例 1-5】 ＃error 指令的应用案例。

```
#include"iostream.h"
void main()
{
   #define CONST_NAME"CONST_NAME"
   cout<<CONST_NAME<<endl;
   #undef CONST_NAME
   #ifndef CONST_NAME
   #error No defined Constant Symbol CONST_NAME
   #endif
   ⋮
}
```

在编译的时候输出如下编译信息：

```
fatal error C1189:#error:No defined Constant Symbol CONST_NAME
```

1.3 VC++6.0集成开发环境

Microsoft Visual C++ 6.0(以下简称 VC++ 6.0)是微软公司出品的高级可视化计算机程序开发工具，界面友好、使用方便，可以识别 C/C++程序。VC++ 6.0 可以在“独立文件模式”和“项目管理模式”两种模式下使用。当只有一个文件时，可以使用独立文件模式；当程序比较大，一个程序需要由多个源文件组成时，使用项目管理模式，这时所有源程序文件合在一起共同构成一个程序，在 C++中称为一个“项目”。下面简单介绍独立文件模式下该开发环境的使用。

1.3.1 VC++ 6.0界面

VC++ 6.0 界面如图 1-1 所示。

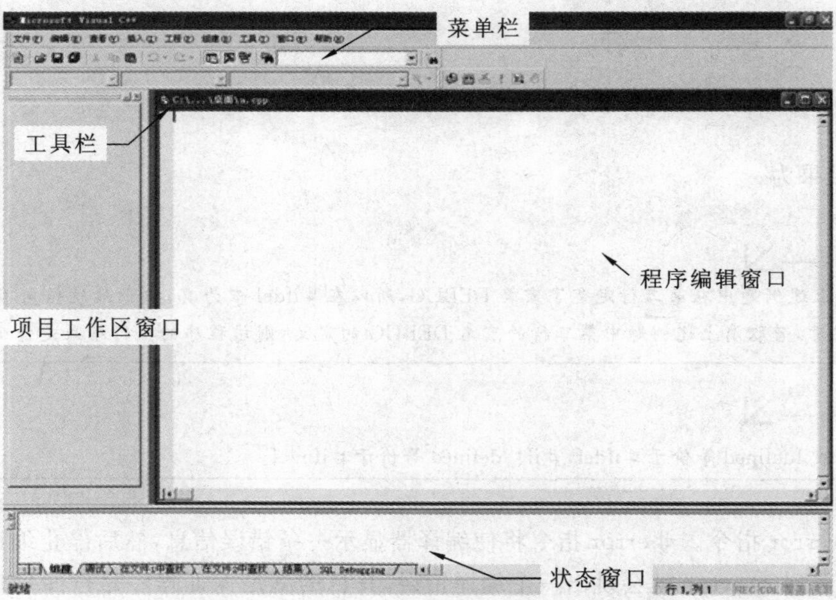

图 1-1 VC++ 6.0 运行环境界面

1.3.2 C++源程序的实现过程

1. 进入 VC++ 6.0 集成环境

选择“开始”→“程序”→“Microsoft Visual Studio 6.0”→“Microsoft Visual C++ 6.0”命令，或者双击桌面上 Visual C++ 6.0 图标，就能进入 Visual C++ 6.0 集成环境。此时，屏幕上弹出 VC++ 6.0 的主窗口，如图 1-2 所示。

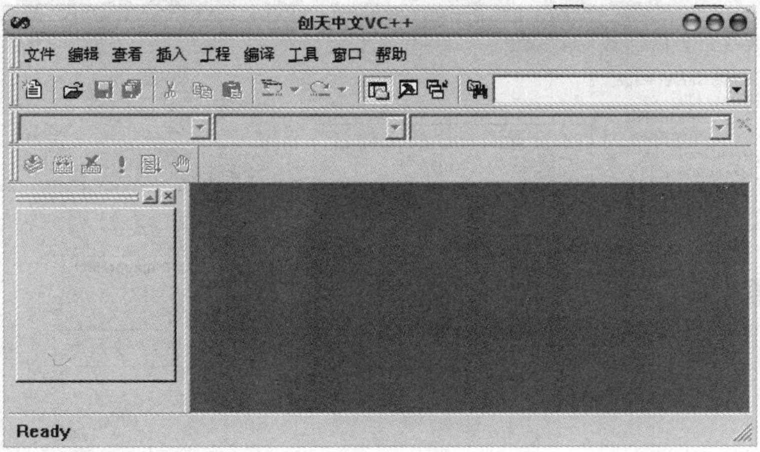

图 1-2　VC++ 6.0 主窗口

在 VC++ 6.0 主窗口的顶部是 VC++ 6.0 的主菜单栏。其中包含 9 个菜单项，即文件、编辑、查看、插入、工程、编译、工具、窗口和帮助。

主窗口的左侧是项目工作区窗口，右侧是程序编辑窗口。工作区窗口用来显示所设定的工作区的信息，程序编辑窗口用来输入和编辑源程序。

2. 输入和编辑源程序

1）新建一个源程序

在 VC++ 6.0 主窗口中选择“文件”→“新建”命令，如图 1-3 所示。

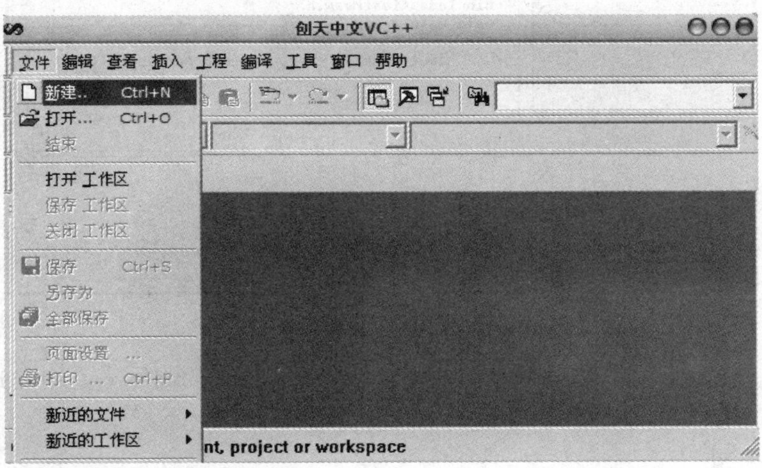

图 1-3　新建源程序文件步骤

在弹出的新建对话框中设置好相应的内容。单击此对话框上方的“文件”标签页，在其菜单中选择“C++ Source File”项，表示要建立新的C++源程序文件，然后在对话框右半部分的“位置(C)”文本框中输入准备编辑的源程序文件的存储路径(假设为D:\C++_LIANXI)，表示准备编辑的源程序文件将存放在“D:\C++_LIANXI”子目录下。在其上方的“文件名(N)”文本框中输入准备编辑的源程序文件的名字“example”，这样，即将进行输入和编辑的源程序就以example.cpp为文件名存放在D盘的C++_LIANXI目录下。设置完成后，单击“确定”按钮，就进入VC++ 6.0的编辑窗口，如图1-4所示。

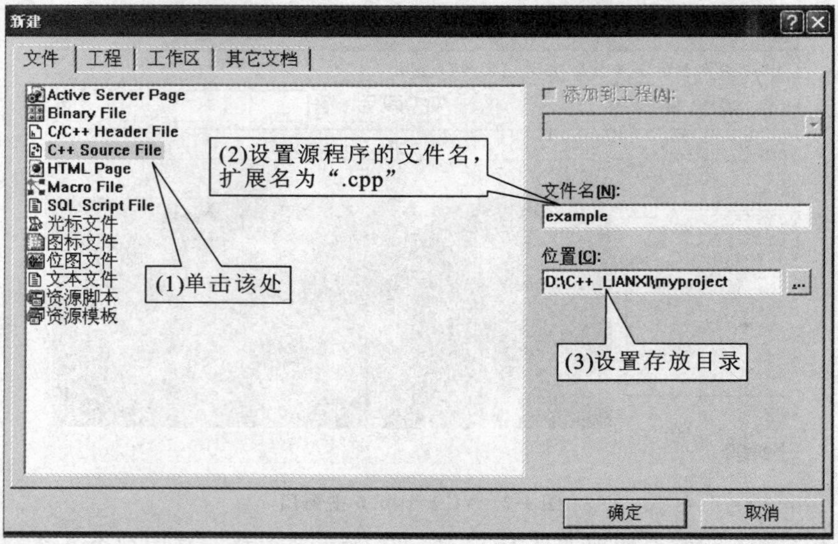

图1-4　新建对话框的设置

在图1-5所示的程序编辑窗口中，可以输入源程序。

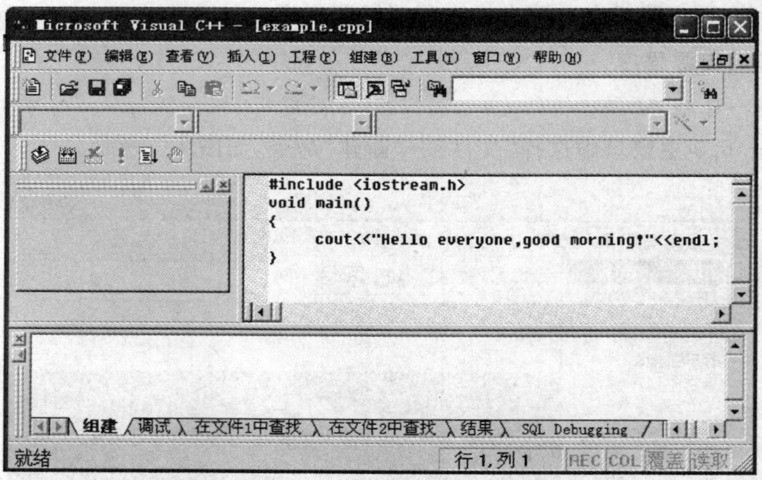

图1-5　输入、编辑源程序

如果经检查无误，则将源程序保存在前面指定的文件example.cpp中。选择“文件”→“保存”命令来保存文件，如图1-6所示。

说明: VC++ 6.0可以编译后缀为.cpp的C++源程序，也可以编译后缀为.c的C源程序。

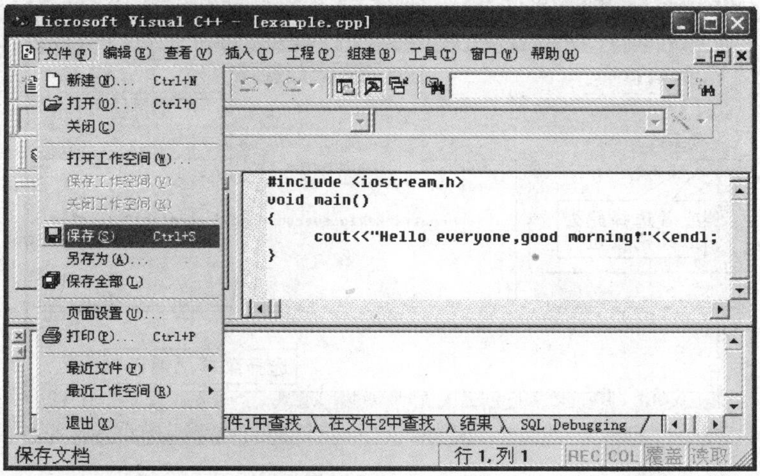

图 1-6　保存源程序

2) 打开一个已有的程序

如果用户已经编辑并保存了一些 C++源程序,而希望打开其中一个用户所需要的源程序文件,并对它进行修改,具体步骤如下。

(1) 在“我的电脑”中按路径查找已有的 C++程序,如 example. cpp。

(2) 双击此文件,则进入了 VC++ 6.0 集成环境,同时程序也显示在程序编辑窗口中。

(3) 修改后选择“文件”→“保存”命令,将其保存在原来的文件中。

3) 通过已有的程序建立一个新程序

如果用户已经编辑并保存过一些 C++源程序(不论其是否在 VC++ 6.0 集成环境中处理过),则可以通过一个已有的程序来建立一个新程序,这样做比重新输入一个新文件简单得多,还可以省去不少步骤,而且可以利用原有程序中的部分内容。具体方法如下。

(1) 打开任何一个已有的源文件,例如 example. cpp。

(2) 将源文件 example. cpp 中的程序修改后,选择“文件”→“另存为”命令,将它以文件名 example1. cpp 另存在其他路径下,这样就生成了一个新文件 example1. cpp。

用这种新建文件的操作方法很方便,但应注意:另存新文件时,不要选择“文件”→“保存”命令,否则原有文件 example. cpp 的内容将被修改。

在编译新文件前,应先选择“文件”→“关闭工作区”命令,将原有的工作区关闭,以免新文件在原有的工作区进行编译。

3. 程序的编译

在编辑和保存了源文件 example. cpp 以后,则可以对该源文件进行编译。选择“组建”“编译[example. cpp]”命令,或者单击工具栏中的“编译”按钮,如图 1-7 所示。

在选中编译命令后,界面中弹出了如图 1-8 所示的对话框。单击“是”按钮,表示同意由系统建立默认的项目工作区,然后开始编译。单击“否”按钮,表示不同意由系统建立默认的项目工作区,将取消编译。也可以使用快捷键 Ctrl+F7 来启动编译。

在进行编译时,编译系统检查源程序中有无语法错误,然后在主窗口下部的调试信息窗口中输出编译的信息。如果无错误,则生成目标文件 example. obj;如果有错误,则会指出错误的位置和性质,提示用户改正错误。用户对源程序进行修改后,再重新编译,直到没有错误为止。编译完成后的界面如图 1-9 所示。

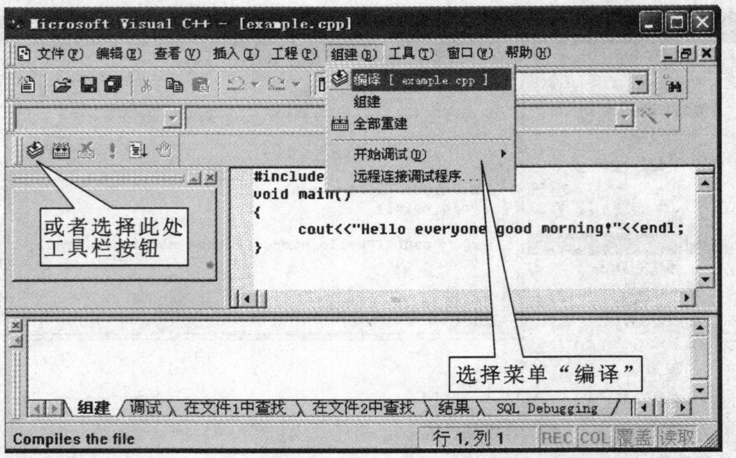

图 1-7　编译源程序

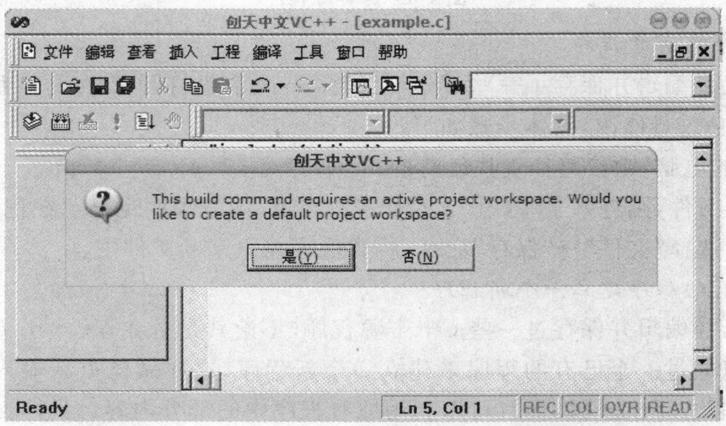

图 1-8　要求创建一个工作区

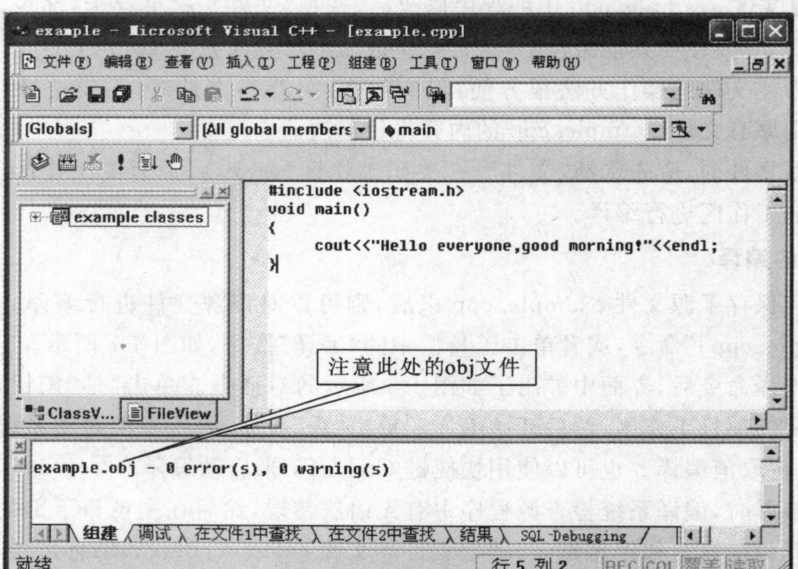

图 1-9　编译成功

4. 程序的连接

在得到后缀为.obj的目标程序后，还不能直接运行，还要把程序和系统提供的资源（如函数库）建立连接，生成可以执行的程序文件。此时应选择“编译”→“构件 example. exe”命令，或者单击工具栏上的“构件”按钮，如图1-10所示。该命令表示要求连接并建立一个可执行文件 example. exe。

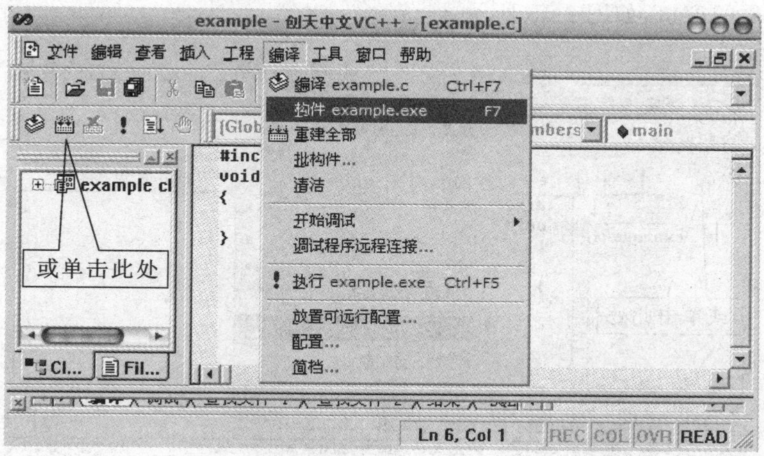

图 1-10　程序的连接

执行连接后，在调试输出窗口中将显示连接时的信息，如果连接没有错误，则生成一个可执行文件 example. exe，如图1-11所示。如果连接有错误，则应修改源程序，然后再编译、连接，直至没有错误为止。

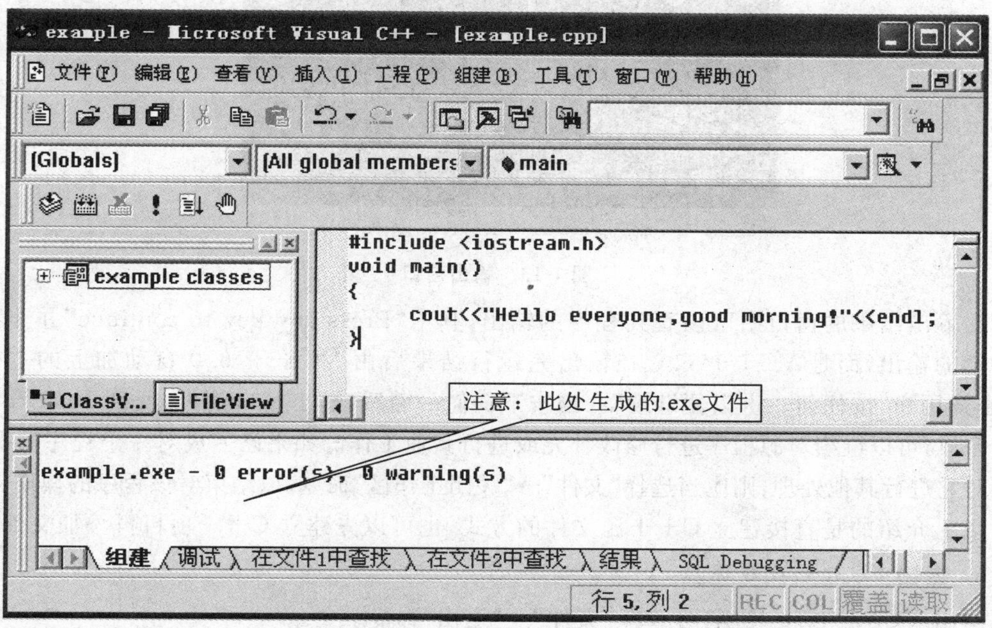

图 1-11　连接后的信息

以上介绍的是分别进行程序的编译与连接的方法，也可以选择“编译”→“构件”命令（或按F7键）一次完成编译与连接。对于初学者来说，还是提倡分步进行程序的编译与连接，因为程序出错的机会较多，这样可以加强对错误的认识，最好等到上一步完全正确后才进行下一步。对于有经验的程序员来说，在对程序比较有把握时，可以一步完成编译与连接。

5. 程序的执行

完成了编译、连接后，就生成了可执行程序文件 example. exe，此时该程序便可以执行了。如图 1-12 所示，选择“编译”→“执行 example. exe”命令，或者直接单击工具栏上的执行按钮。还可以使用 Ctrl＋F5 组合键一次完成程序的编译、连接与执行。程序执行后，屏幕切换到输出结果的窗口，如图 1-13 所示。

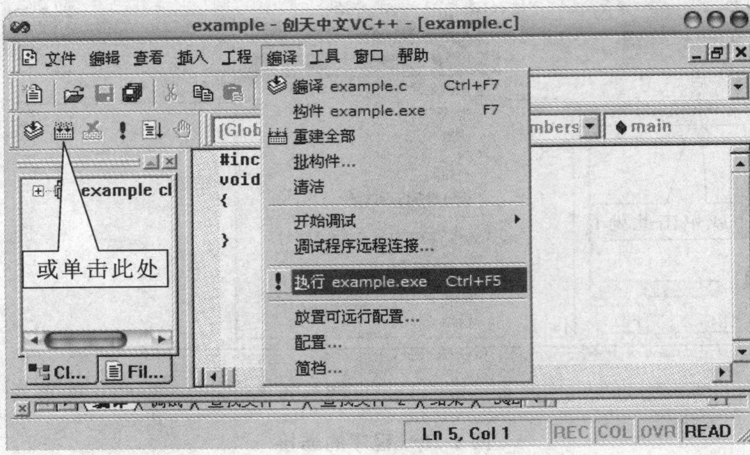

图 1-12　执行程序

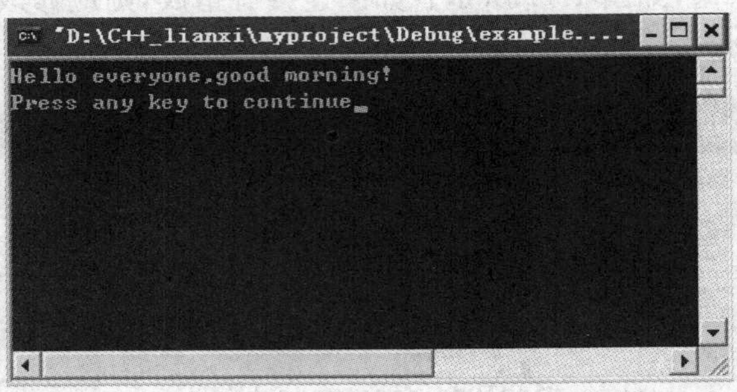

图 1-13　输出窗口

在输出结果的窗口中可以看到程序的输出，其中“Press any key to continue”并非程序所指定的输出，而是 VC＋＋ 6.0 在输出完运行结果后由 VC＋＋ 6.0 自动加上的一行信息，告知用户“按任何一键以便继续”。当按下任何一键后，输出窗口消失，回到 VC＋＋ 6.0 的主窗口，可以继续对源程序进行修改补充或进行其他工作。如果已完成对一个程序的操作，不再对它进行其他处理，则应当选择“文件”→“关闭工作区”命令，以结束对该程序的操作。

以上介绍的是直接建立 C＋＋源文件的方式，也可以先建立 C＋＋项目再添加文件。

6. 退出 VC＋＋ 6.0 环境

退出 VC＋＋ 6.0 环境，可选择“文件”→“退出”命令。

本章小结

本章先从 C 语言入手，简单介绍其功能与特点，并引出 C＋＋语言。然后，从不同角度详细介绍了C++语言的特点。通过一个简单的C++源程序,详细介绍了C++源程序的组成。最后详细介绍了一个C++源程序的开发、运行的全过程。

习 题 1

1. 简单描述一下C++语言的特点。
2. 叙述C++语言中的注释格式种类,以及具体的应用。
3. 3种常用的预处理命令包括:________、________和________。
4. 练习VC++ 6.0的安装,以及熟悉界面。
5. 简单描述开发一个C++程序需要哪些步骤。

第2章 C++程序设计基础

C++语言有以下一些特点。

- C++语言的基本元素:基本数据类型、变量、表达式。
- 程序的基本单位:语句。
- 程序的组织结构:顺序结构、选择结构和循环结构三种基本程序设计结构。

C++语言的源程序以基本单位——语句组成,复杂的程序可能会包含三种基本结构中的两种或三种。只有掌握了程序中所涉及的基本元素及三种基本结构才能更好地进行编程。

2.1 字符集

C++语言与汉语、英语等普通语言一样,都需要使用一些确定的符号。这些符号称为词法符号,它是由若干个字符组成的具有一定意义的最小词法单元。C++语言中共有4种词法符号:标识符、常量、运算符和分隔符。在C++语言中所有可用字符集包括以下几种。

- 英文字母:A～Z和a～z,区分大小写。
- 数字字符:0～9。
- 特殊字符:空格、“!”、“#”、“%”、“^”、“&”、“*”、“_”、“+”、“-”、“=”、“～”、“<”、“>”、“/”、“\”、“'”、“"”、“.”、“,”、“(”、“)”、“[”、“]”、“{”、“}”、“:”。

2.1.1 标识符

标识符是程序员为了命名程序中的一些实体(常见的有变量名、常量名、函数名、类名、对象名、数组名等)而定义的具有一定意义的词法符号。C++语言中规定合法标识符的定义规则需要满足如下条件。

- 标识符是由英文字母、数字和下划线组成,并且必须以英文字母和下划线开头。
- 标识符中大、小写字母被认为是两个不同的字母。
- 标识符不能使用C++语言中的关键字(在后续章节中将详细介绍关键字)。
- 标识符的长度是任意的,但是一般编译系统仅识别前32个字符。

例如:x1、tt、_m、y_123为合法的标识符;8x、x?、y y、2_u为非法的标识符。

1. 关键字

关键字是一种有特殊用途的词法符号,是C++系统预定义的保留字,不能再用做其他用途。C++语言中预定义了63个关键字,表2-1中列出了一些常用的关键字。

表2-1 C++中的关键字

auto	break	bool	case	char	catch	class
const	continue	default	delete	do	double	else
enum	extern	false	float	for	friend	goto
if	inline	int	long	mutable	new	namespace

续表

operator	private	protected	public	register	return	short
singed	sizeof	static	switch	this	true	typedef
typename	union	unsigned	using	virtual	void	while

2. 用户标识符

用户标识符是由用户根据需要而定义的标识符，也可称为自定义标识符。用户标识符一般用来给变量、函数、数组、常量、类、对象等命名。程序中使用的用户标识符除了要遵守标识符命名规则外，还应注意做到“见名知意”，即选择具有一定含义的英文单词或汉语拼音作为标识符来增加程序的可读性，如：name（表示名字）、number（表示学号）、page（表示页码）、score（表示分数）等，这些都是合法的标识符，可以用做变量名、函数名、数组名等而且能够很清楚的表示出其代表的含义。

2.1.2 分隔符

分隔符又称标点符号，是用来分割单词或程序正文的，它可以表示某个程序实体的结束和另一个程序实体的开始。在C++语言中，常用的分隔符有以下几个。

- 空格符：常用来作为单词与单词之间的分隔符。
- 逗号：用来作为多个变量之间的分隔符，或者用来作为函数多个参数之间的分隔符。
- 分号：用来作为 for 循环语句中 for 关键字后括号中表达式的分隔符，或者用于语句结束的标识。
- 冒号：用来作为语句标号与语句之间的分隔符，或者用于 switch 语句中关键字 case 与语句序列之间的分隔符。
- 还有()和{}也可以作为分隔符，这些分隔符不表示任何实际操作，仅用于构造程序。
- 另外，由于C++编译器将注释也当成空白对待，所以一般可以将注释也当成分隔符。

2.2 数据类型

编写一个程序首先要确定其算法，依据算法才能编码、调试和运行。在确定算法时，数据的类型是很重要的，不同的数据类型的处理方法是不同的。在计算机中，数据的概念是一个很宽泛的概念，它包括数值、字符、图片、声音、视频等所有计算能处理的信息。数据常常通过变量或常量的形式来描述。变量是存储信息的单元，它对应于某个内存空间。常量也称为字面量，也就是说，从字面上就能够很直观地知道具体的数据。

由于变量涉及的信息相对较多一些，故变量需要用变量名来代表其存储空间。在定义变量时，需要说明的变量名字和数据类型，并且还要告诉编译器要为变量分配多少内存空间（内存单元的单位是字节），以及变量中要存储什么类型的值。数据类型简称类型，在不同的机器上，每个变量类型所占用的内存空间的长度不一定相同。例如，在16位计算机中，整型变量占2个字节，而在32位计算机中，整型变量占4个字节。

C++的数据类型有基本数据类型和非基本数据类型之分。基本数据类型是C++内部预先定义的数据类型。非基本数据类型包括指针、数组和结构体，以及类等用户自定义类型，非基本数据类型是基本数据类型的合成或用户定义的数据类型。

基本数据类型有 char(字符型)、int(整型)、float(浮点型)和 double(双精度型)。非基本数据类型有 type[](数组)、type *(指针)、void(空类型)、struct(结构)、union(联合)、enum(枚举)和 class(类)。这些类型的具体定义及应用将在后续章节中详细介绍。

2.2.1 整型

前面小节中已经提到常量和变量两个概念，下面详细介绍一下这两个基本概念。常量是其值在整个程序运行过程中不会发生变化的量，也称字面量；变量是指在程序运行过程中其值是变化着的量。

整型数据就是我们常说的整数，整型数据根据值在程序运行过程中是否变化分为常量和变量。整型常量有以下三种表示方法。

(1) 十进制整数，如 147，－147，0 等。

(2) 八进制整数，是以 0 开头的整数，如 0147 表示八进制数 $(147)_8$，它相当于十进制数 103。

注意：八进制数是由 0～7 八个数字组成，逢八进一。

(3) 十六进制整数，是以 0X 或 0x 开头的整数，如 0x147 表示十六进制数 $(147)_{16}$，它相当于十进制数 327。

注意：十六进制数由 0～9、A～F(a～f)共十六个字符组成，逢十六进一；十六进制中用字母 a(A)表示 10、b(B)表示 11，依此类推。

如果在一个整型数据后面加上字母 L 或 l，则认为该整型数据是长整型数据，如 147L 表示长整型数据 147；如果在一个整型数据后面加上字母 U 或 u，则认为该整型数据是无符号整型数据(unsigned，无符号整型数据只能表示正整数)，如 147u 表示无符号整型数据 147。

整型变量在使用之前需要定义(在 C＋＋语言中，所有变量都必须先定义后使用)。其中，int 表示基本整型，在内存中占 4 个字节；short int 表示短整型(定义短整型时 int 可以省略)，在内存中占 2 个字节；long int 表示长整型(定义长整型时 int 可以省略)，在内存中占 4 个字节。整型变量的定义格式如下。

```
int  变量 1,[变量 2,变量 3,……]
short[int]变量 1,[变量 2,变量 3,……]
long[int] 变量 1,[变量 2,变量 3,……]
```

例如：

```
int x;
int x,y;
short m,n;
long  account;
```

也就是说，在一个定义语句中，可以一次只定义一个变量，也可以一次定义多个同类型的变量。此外，在定义变量的同时还可以给其赋予初始值，例如：

```
int x=10;  //定义整型变量 x,其初始值为 10
```

注意：这里的"＝"是赋值符号，和数学中的等于号是两个不同的符号，在C＋＋语言中，等于符号是"＝＝"，详细的知识点将在后续章节中介绍。

【例 2-1】 整型数值的应用案例。

```
#include <iostream.h>
void main()
{
int x=5,y;      //定义一个整型变量 x 并赋初始值为 5，整型变量 y 没有初始值
y=12*x;         //一个整型常量和整型变量相乘的结果赋给整型变量 y
cout<<"y="<<y<<endl;
}
```

运行结果为：

```
y= 60
```

2.2.2 实型

实型数据就是我们常说的小数类型数据，即带有小数点的数据。实型数据也有常量和变量两种形式。

实型数据常量常用如下两种表达形式表示。

(1) 小数形式，它是由数字和小数点组成。例如，0.147，.147，0.0 等。

注意：小数形式表示实型数据一定要有小数点。

(2) 指数形式，也可以称为科学计数法，用 $a\times10^n$ 的形式表示数值，在C＋＋语言中 10 的 n 次幂用 e(E)来表示。例如，1.47e10 表示 1.47×10^{10}。

注意：(1) 用指数形式表示实型数据可以很方便地表示很大的一个数值或很小的一个数值。

(2) 指数形式用到的表示幂的字母 e 可以大写也可以小写。

(3) e 的前后都必须有数值，数值和 e 之间不要有任何空格，而且 e 后面必须是整型数(包括正整数和负整数)。

例如，e23，1.2e1.2，2e 12 均是非法的表达形式。

实型变量的定义需要用到以下关键字：float(单精度类型)，在内存中占 4 个字节；double(双精度类型)，在内存中占 8 个字节；long double(长双精度型)，在内存中占 10 个字节。实型变量的定义格式如下。

```
float  x,y=1.2;      //定义了两个实型变量 x 和 y，其中 y 的初始值为 1.2
double  m,n;
long double  num;    //这里的 double 不能省略
```

注意：(1) 在C＋＋语言中，一个实型数据若没有特殊说明的话，则默认为 double 类型。

(2) 若需特殊说明为 float 类型数值时，需要在数值后面加上 f(或 F)，如 12.34f，则表示 float 类型实型数；而 12.34 则表示 double 类型实型数。

(3) 表示长双精度类型数值时，需要在数值后面加 l(L)，如 12.34L，则表示 long double 类型数值。

【例 2-2】 实型数值的应用案例。

```
#include <iostream.h>
void main()
{
  float x=1.2;
  double y=3.6,sum;
  sum=x+y;      //这里面涉及数据类型的转换,在后续章节中给予介绍
  cout<<"sum="<<sum<<endl;
}
```

运行结果为:

```
sum= 4.8
```

2.2.3 字符型

字符型数据是用单引号(' ')括起来的一个字符。字符常量的表示如:'a'、' '、'e'、'#'等。除了上述形式的字符外,C++语言中还有一种特殊形式的字符,即以"\"开头的字符序列,"\"后面的字符改变了本身的意义,所以该类字符也称为转义字符。例如,'\n'表示换行。表2-2中介绍了C++语言中常用的转义字符。

表 2-2 C++常用转义字符

字符形式	功能
\a	响铃
\b	退格
\n	换行
\t	制表符(横向跳格)
\r	回车
\v	竖向跳格
\\	反斜杠("\")
\'	单引号("'")
\"	双引号(""")
\ddd	1~3位八进制数
\xhh	1~2位十六进制数

字符型变量的定义用关键字 char,字符型变量的定义格式如下。

```
char  ch1,ch2='a',ch3=65;
```

注意:将一个字符赋值给字符型变量,实际上并不是将该字符本身放到内存单元中,而是将与该字符相对应的 ASCII 码存入该内存单元中。例如,'a'存入的是其 ASCII 码 97,'A'存入的是其 ASCII 码 65。

在内存中,字符数据以 ASCII 码存入,也就是以整数表示,所以在 C++语言中,字符数据和整型数据之间是允许相互赋值的,整型数据能做的运算字符型数据也可以进行,只要注意赋值的区间范围即可。例如:

```
int  x='b';       //实际上整型变量 x 接收的是 98
char  ch= 65;     //实际上字符型变量 ch 接收的是'A'
```

【例 2-3】 字符型数据的应用案例。

```
#include <iostream.h>
void main()
{
  char ch='b';
  int  y;
  y=ch+ch;
  cout<<"y="<<y<<endl;     //读者自行分析输出的变量 ch 是 98 还是'b'?
}
```

运行结果为：

```
y= 196
```

2.2.4 数组

前面详细介绍了C++语言中的基本数据类型，但是在实际生活中经常需要处理很多复杂的数据，包括大量的同类型数据及不同类型数据等。若采用前面所学的基本数据类型来定义这一组数据就显得非常烦琐，也不实用。因此，在C++语言中为了处理数量很多且之间又存在一定顺序关系的同类型数据，人们引入了数组类型数据。

数组是一组有序的数据集合，这些数据具有相同类型，数组中的每一个元素均可以采用数组名和下标来唯一标识。数组名代表了这组数据中首元素在内存中的地址，它是一个常量地址，而且这些数据在内存中占据着连续的存储空间。数组的定义根据下标的维数分为一维数组和多维数组，本小节主要介绍一维数组和二维数组。

1. 一维数组的定义

一维数组的定义格式如下。

```
数据类型说明符 数组名[整型常量表达式];
```

说明：(1) 数据类型说明符可以是基本数据类型也可以是非基本数据类型。

(2) 数组名要符合合法标识符的定义规则。

(3) 一对方括号(只能用方括号)中的常量表达式必须是整型常量或常量表达式，用来表示数组元素的个数。例如：

```
int a[6];                      //OK,定义一个整型数组
int x(6);                      //error
int y[3.5];                    //error
float num1[4+ 7],num2[5];      //OK,定义两个单精度型数组
```

常量表达式表示元素的个数，即数组长度。例如，int a[6];表示数组 a 里面含有 6 个元素，分别是：a[0]、a[1]、a[2]、a[3]、a[4]、a[5]。

数组元素下标从 0 开始，最后一个元素的下标是“常量表达式值－1”，也即长度为 n 的数组，其下标范围为 0～(n－1)。请读者自行思考若数组下标从 1 开始是否合适呢？数组元素在内存中必须存放在一个连续的存储空间中。如图 2-1 所示。

```
int x[5];
```

X[0]	X[1]	X[2]	X[3]	X[4]

图 2-1 数组元素的内存形式

下标表示的是该数组元素到数组起始元素的偏移量。第 1 个元素的偏移量是 0,第 2 个元素的偏移量是 1,依此类推。在定义数组时,方括号中的常量表达式可以包含枚举常量和字符常量,该常量表达式的值是在编译时就确定下来的,以保证内存给它分配固定大小的空间。如果方括号中的值不能在编译时确定,那就只能在运行时确定,即在函数调用时确定,随机分配数组空间。这使得为局部作用域的数组分配数据空间的语句,具有不同的意义,它随每次函数调用的不同而不同,这在 C++语言程序设计中是不允许的。数组中元素的使用与单个变量相同。

2. 一维数组元素的初始化

数组在定义时就可以进行初始化,即在定义时指出数组中各个元素的值。数组初始化时,数组元素的初始值均放在"{"和"}"中,各个值之间由","隔开。例如:

```
int arr[10]={0,1,2,3,4,5,6,7,8,9};      //初始化
```

注意:初始化数组元素值的个数不能多于数组元素个数,初始化数组的值也不能通过跳过逗号的方式来赋值,这在 C 语言中是允许的,但在 C++语言中是不允许的。例如:

```
int arr1[5]={1,2,3,4,5};          //OK
int arr2[5]={1,2,3,4,5,6};        //error,赋值个数多
int arr3[5]={1,  ,3,4,5};         //error,跳过逗号
int arr4[5]={1,2,3,};             //error,逗号后不能没有值
int arr5[5]={ };                  //error,初始化赋值不能空
```

第 4 条赋值语句若修改为:int arr4[5]={1,2,3};则是正确的。因为初始化值的个数少于数组元素个数时,在 C++语言中规定默认其余剩下的元素初始值为 0。

第 5 条赋值语句若修改为:int arr5[5]={0};则是正确的。因为此赋值语句相当于给数组中的第一个数组元素赋值为 0,其余元素默认为 0。

3. 一维数组元素的访问

使用数组时,不能对数组整体进行访问,只能对各个数组元素分别访问。数组中特定的元素通过下标访问法来访问其中的数组元素。其访问格式如下。

```
数组名[下标]
```

例如,假设已经定义一个整型数组 num,其中含有 5 个元素,访问其中的数组元素的格式可以是 num[1]、num[3]、num[i],这里的变量 i 取值范围在 0～4 之间即可。

在内存的表示中,地址是从 0 开始的。如果表示数组的下标从 1 开始,则需要进行额外的机器操作,C 或者 C++的处理方法使其编译器更为简单有效,使代码效率更高。数组直接从 0 下标开始则不必进行这种多余的调整。在定义数组之后,给数组赋初值时,必须对每一个元素逐个进行访问。例如,下面的程序用于给数组中的元素赋值。

```
void main()
{
  int arr[10];
  arr[0]=0;      //下面语句逐个给数组元素赋值
  arr[1]=1;
```

```
    arr[2]=2;
    ⋮
    arr[9]=9;
    ⋮
}
```

在C++语言中，运算符"*"称为间接访问运算符，其功能是访问某个地址里所存放的内容，而在前面的章节中曾经说过，C++语言中变量名实质上代表的是内存中的一个存储单元，也就是变量所存放的对应的地址，那么，数组名也是变量名，是一个特殊的变量名，因此数组名也代表的是一个存储单元，但是因为数组是非基本数据类型，故它代表的是数组中一组数据在内存中首元素的地址。所以，数组元素的访问还可以利用间接访问运算符来进行。

【例 2-4】 一维数组元素的访问应用。

```
#include <iostream.h>
void main()
{
  int x[5]={1,2,3,4,5};
  cout<<x[0]<<" "<<x[1]<<" "<<x[2]<<" "<<x[3]<<" "<<x[4]<<endl;
  cout<<*(x+ 0)<<" "<<*(x+ 1)<<" "<<*(x+ 2)<<" "<<*(x+ 3)<<" "<<*(x+ 4);
}
```

运行结果为：

```
1 2 3 4 5
1 2 3 4 5
```

4. 二维数组的定义

C++语言中的数组允许有多个下标，其中需要两个下标才能标识某个元素的数组称为二维数组。二维数组可以看成是"数组的数组"。二维数组经常用来表示按行和列格式存放信息的数值表。要识别表中某个特定的元素，必须指定两个下标。习惯上，我们利用第一个下标来表示该元素所在行，第二个下标来表示该元素所在列。二维数组可用于存储矩阵或者是二维表格的数据信息。二维数组的定义格式如下。

```
数据类型说明符 数组名[整型常量表达式 1][整型常量表达式 2];
```

例如

```
float x[3][4];
```

上述语句表示定义了一个二维数组 x，该数组一共 3 行 4 列，共含有 12 个元素分别如下。

	第 1 列	第 2 列	第 3 列	第 4 列
第 1 行	x[0][0]	x[0][1]	x[0][2]	x[0][3]
第 2 行	x[1][0]	x[1][1]	x[1][2]	x[1][3]
第 3 行	x[2][0]	x[2][1]	x[2][2]	x[2][3]

从上面的元素排列的情况来看，此二维数组的第一维下标取值范围为 0～2，第二维下标取值范围为 0～3。第一维也可以称为二维数组中包含的元素的行数，第二维也可以称为二维数组中包含元素的列数。无论是行下标还是列下标都要从"0"开始。这些元素在内存中存放时，需要连续的存储空间，习惯性的先按行存储，一行存完再存下一行，依此类推。其在内存中的结构图如图 2-2 所示。

X[0][0]	X[0][1]	X[0][2]	X[0][3]	X[1][0]	X[1][1]	X[1][2]	X[1][3]	X[2][0]	X[2][1]	X[2][2]	X[2][3]

图 2-2　二维数组在内存中存储结构图

5. 二维数组元素的初始化

与一维数组一样，二维数组也可以在定义时进行初始化。例如：

```
int x[2][3]={{1,2,3},{4,5,6}};
```

二维数组元素赋值需要注意以下几点。

(1) 所有元素值都应包含在一个花括号中，在花括号里面可以再用一层花括号区别行与行间的数组元素，也可以不需要。比如上一个赋值语句可以写成如下形式。

```
int x[2][3]={1,2,3,4,5,6};//表示给数组元素 x[0][0]~ x[1][2]/依次赋值为 1,2,3,4,5,6
```

(2) 赋值个数可以少于总元素的个数。例如：

```
int x[2][3]={{1,2},{4}};//表示给数组元素 x[0][0]赋值为 1,x[0][1]赋值为 2,x[1][0]
                        //赋值为 4,其余元素默认为 0
int x[2][3]={1,2};      //表示给数组元素 x[0][0]赋值为 1,x[0][1]赋值为 2,其余元素默
                        //认为 0
```

6. 二维数组元素的访问

二维数组元素的访问与一维数组元素的访问一样，也可以通过下标访问法和间接访问运算符法，但是需要读者注意的是二维数组的下标需要两个(即行和列)。使用间接访问运算符法访问时，首元素地址的计算相对复杂一些，这里就留给读者自行思考。利用下标访问法来访问数组元素的格式如下。

```
数组名 [下标 1][下标 2]
```

例如，已经有一个正确的二维整型数组定义 x[5][6]，访问其中的任意数组元素可以写成 x[2][4]、x[1][5]或者 x[i][j]的形式，这里的变量 i 的取值范围为 0～4，变量 j 的取值范围为0～5。

7. 字符串

1) *字符串变量的定义及初始化*

字符串常量是由双引号括起来的若干个(可以是零个也可以是多个)字符序列。例如，"I'm a student."、"What are you doing?"、"Hello"等都是字符串。在 C++语言中，字符串总是以'\0'结束，一个字符占有一个内存单元，所以一个字符串占内存总长为字符个数加 1。如果有一个字符串"Hello"，那么，它在内存中的存放格式如图 2-3 所示。

H	e	l	l	o	\0

图 2-3　字符串在内存中的存放格式

不能将字符串赋给字符。例如：

```
char ch="abc";        //error
```

字符串实际上是字符指针类型(指针的概念在后面的章节中将会详细介绍)。所以，字符与字符串类型不同，占用内存的大小不同，处理方式也不同，决定了它们的使用方式也不同。二者的具体区别如下。

(1) 字符常量用单撇号('')括起来，字符串常量用双撇号("")括起来。

(2) 字符常量包含且只能包含一个字符，字符串常量可以包含若干个字符(也可以是零个)。

(3) 字符常量在内存中占一个字节，字符串常量在内存中除了保存所包含的每一个字

符还要格外加一个字节用来存'\0'表示字符串的结束。

(4) 字符常量没有空字符只有空格字符(' '),字符串有空串("")、空格串(" ")。

注意:字符串变量的定义在C++语言中没有一个关键字可以来说明,其变量的定义需要用到数组的知识。

字符串的变量在C++语言中可利用字符数组来表示,例如:

```
char ch[6]={'H','e','l','l','o','\0'};  //表示字符串 Hello
```

也可以表示为:

```
char ch[6]="Hello";   或者 char ch[6]={"Hello"};
```

需要读者注意的是若该数组的最后一个元素没有人为赋值一个字符'\0',那么,该语句只是单纯定义了一个字符数组,而不是字符串变量。

2) 字符串处理函数

对字符串进行处理的函数包括:strlen()、strcat()、strcpy()和 strcmp(),它们均包含在 string 头文件中。

(1) 求字符串长度函数。

```
int strlen(const char str[])
```

该函数的功能是测试字符串的长度,即统计字符串中所包含的字符个数,需要注意的是,求字符串长度只是计算字符串实际包含的字符个数,不包括最后的'\0'。例如:

```
#include <iostream.h>
#include <string.h>
void main()
{ char str[50];
  cout<<"请输入一个字符串:";
  cin>>str;
  cout<<str<<"的长度为:"<<strlen(str)<<endl;
  cout<<"字符串常量:"<<"abcdefghijk"<<"的长度为:"<<strlen ("abcdef ghijk")
<<endl;         //strlen 函数也可以求字符串常量的长度
}
```

(2) 字符串复制函数。

```
strcpy(char str1[],const char str2[])
```

该函数的功能是把字符数组 str2 拷贝到字符数组 str1 中,这时 str2 和 str1 具有相同的字符串。但是读者需要注意的是:str1 的空间要足够大,以便能容纳 str2;此外,字符数组不能通过赋值符号"="来进行赋值。例如:

```
#include <iostream.h>
#include <string.h>
void main()
{ char str1[10],str2[10]= "Hello.";
  cout<<strcpy(str1,str2)<<endl;   //结果为 Hello.
}
```

其结果是 str1 接受了 str2 的值,也为"Hello."。

注意：若原来 str1 中有内容，经过 strcpy 的操作以后 str2 将覆盖 str1 的内容。

(3) 字符串连接函数。

```
strcat(char str1[],const char str2[])
```

该函数的功能是将字符串 str2 连接到字符串 str1 的后面，str2 的第一个字符覆盖 str1 的字符串末尾的'\0'。同样注意 str1 的大小至少是 str1 与 str2 的长度之和。例如：

```
#include <iostream.h>
#include <string.h>
void main()
{ char str1[30] ="Hello,",str2[10]="everyone!";
  cout<<strcat(str1,str2)<<endl;  //结果为 Hello,everyone!
}
```

(4) 字符串比较函数。

```
int strcmp(const char str1[],const char str2[])
```

该函数的功能是比较两个字符串，遇到第一个不相同的字符开始比较(比较字符对应的 ASCII 码)，哪个大就代表它所在的整个字符串大。若第一个字符串大于第二个字符串结果返回 1，若第一个字符串小于第二个字符串结果返回－1，若两个字符串相等则结果返回 0。例如：

```
#include <iostream.h>
#include <string.h>
void main()
{ char str1[30]="hello everyone.";
  char str2[20]="Hello everyone.";
  cout<<strcmp(str1,str2)<<endl;     //结果为 1,因为 H 小于 h
}
```

注意：读者也可以根据程序的需要定义字符串数组，也就是用二维字符数组来表示字符串数组。

2.2.5 枚举类型

当我们需要解决一个实际问题时，需要处理的数据是复杂的，有时就需要限定数据的取值范围。例如，一个星期只有 7 天，人的性别只有男和女，信号灯只有红色、黄色和绿色等实际问题。对于这些量，可以使用整型或字符型来表示，但其数据的可读性较差，表达意义不明显且不便于对数据的合理性进行检查。例如，若将信号灯的状态定义为 int 类型，用 1、2 和 3 分别表示红灯、绿灯和黄灯，编程过程中若取其他的值来表示信号灯的信息就是非法的数据，但此时的编译器是无法检查出此类的错误，这就需要程序员自己在编程过程中自行检查，这种情况不仅对程序的可读性影响较大，另外也无形中增加了程序员的负担。因此，在 C＋＋语言中提供了枚举类型来解决此类问题。

枚举类型是用户自定义的数据类型，该类型事先是不存在的，需要用户先定义后使用。一旦定义了枚举类型，就可以与对基本数据类型的操作一样，定义枚举变量、枚举数组等。

1. 枚举类型的定义

定义枚举类型的一般格式如下。

```
enum 枚举类型名{枚举量表};
```

其中,enum 是关键字,表示枚举类型的定义开始;枚举类型名用合法的标识符来表示;枚举量表是一组由逗号隔开的标识符组成,枚举量表中的标识符称为枚举常量。由于每个枚举常量都用标识符来表示,自然提高了枚举数据的可读性。例如:

```
enum weekday{Sun,Mon,Tue,Wed,Thu,Fri,Sat};
```

定义了一个名为 weekday 的枚举类型,它包括了 7 个枚举常量。枚举类型的每个枚举常量都对应一个整数,默认情况下,第一个枚举常量对应 0,第二个枚举常量对应 1,依此类推。在定义枚举类型时,也可以给枚举常量指定对应值。例如:

```
enum weekday{Sun=7,Mon=1,Tue,Wed,Thu,Fri,Sat};
```

在枚举类型 weekday 中,Sun 对应的是 7,Mon 对应的是 1,Tue 对应的是 2……,对于那些没有指明对应值的枚举常量,它的对应值为前一枚举常量的对应值加 1。例如:

```
enum colors{red=3,green,white,black,pink=8,gray,brown};
```

在枚举类型 colors 中,red 对应的是 3,green 对应的是 4,white 对应的是 5,black 对应的是 6,pink 指定值为 8,gray 对应的是 9,brown 对应的是 10。

注意: 在 C++ 中也允许不同的枚举常量取相同的值。

2. 枚举类型变量的定义

定义枚举类型变量的方法有 3 种,具体如下。

(1) 先说明枚举类型,再定义枚举类型变量。例如:

```
enum weekday{Sun=7,Mon=1,Tue,Wed,Thu,Fri,Sat};
[enum] weekday workday;
```

(2) 在定义枚举类型的同时,定义枚举类型变量。例如:

```
enum weekday{Sun=7,Mon=1,Tue,Wed,Thu,Fri,Sat} workday;
```

(3) 定义无名枚举类型,直接定义枚举类型变量。例如:

```
enum {Sun=7,Mon=1,Tue,Wed,Thu,Fri,Sat} workday;
```

注意: 在说明枚举变量的同时,也可以直接给变量初始化。例如:

```
weekday workday=Mon;
```

3. 枚举类型变量的使用

(1) 可将枚举量表中的任一枚举常量赋给枚举类型变量,或者同类型枚举变量之间相互赋值,但是不能将一个整数直接赋值给枚举类型变量。例如:

```
enum colors{red,green,white,black,pink,gray,brown};
colors  c1,c2;
c1=green;//ok
c2=3;     //error
```

但是,可以通过强制类型转换把整数赋值给枚举类型变量。例如:

```
c2=(colors)3;   //相当于 c2=black;
```

(2) 枚举量可以进行关系运算，也就是比较它们对应的整数值的大小。例如，c1>c2，结果为 0；c1<white，结果为 1。

(3) 枚举类型变量不能直接从键盘上输入。例如：

```
cin>>c1;           //error
```

枚举类型变量通常是通过输入一个整型值，然后把该整型值转换成一个枚举常量再赋给枚举变量。枚举类型变量可以直接输出，但输出的值是一个整数(对应枚举常量的序号值)。例如：

```
cout<<c1;        //结果为 0,要想输出对应的字符串,需要进行代码转换
```

2.2.6 结构体和共同体

1. 结构体的介绍

在实际应用中，常将不同类型、相互联系的数据作为一个整体处理。例如，描述一个学生的数据可以包括学号、姓名、性别、年龄、联系电话和成绩等数据项，其中姓名用字符型数组，性别用布尔型，成绩用实型等。这些逻辑上相关的不同类型数据的结合称为结构体，该类型相当于数据库中的"记录"。

结构体是一种用户自定义数据类型，必须先定义后使用。一旦定义了结构体类型，就可以与基本数据的性质一样，定义结构体变量、结构体数组、结构体指针和结构体引用等。

1) 结构体类型的定义

定义一个结构体类型的一般格式如下。

```
struct 结构体类型名{
类型名 1   成员 1;
类型名 2   成员 2;
……
};
```

其中，struct 是定义结构体的关键字；结构体类型名由合法的标识符组成；花括号中依次列举变量的类型和变量名，每一变量类型可以是基本数据类型或自定义数据类型。花括号中所定义的变量称为结构体的成员，同一结构体中的成员不能重名。

注意： 每个结构体类型定义都必须以一个分号作为结束标志。

由于数据类型仅是为变量分配存储空间的存储模型，编译程序并不为任何数据类型分配存储空间。因此，在定义结构体的成员时，不能指定成员的存储种类为 auto、register 或 extern，但可以指定成员的存储种类为 static。

例如，描述学生基本情况的结构体类型可定义如下。

```
struct student
{ unsigned  id;
  char  name[10];
  char  sex;
  unsigned  age;
  float  score;
};                        //分号不能省略
```

2）结构体类型变量的定义

与基本数据类型的变量一样，结构体类型的变量也是先定义后使用。定义结构体类型变量的方法有三种，下面分别进行介绍。

(1) 第一种方法。

```
struct 结构体名
{
   成员列表;
};
结构体名 变量名 1,变量名 2,…,变量名 n;
```

或者

```
struct 结构体类型名 变量名 1,变量名 2,…,变量名 n;
```

上面第一种格式是C++语言增加的，第二种格式是C语言使用的格式，对于用C++编写C程序的程序员来说，用这种格式便于与C语言及编译系统兼容。

(2) 第二种方法。

```
struct 结构体名
{
  成员列表;
}变量名 1,变量名 2,…,变量名 n;
```

这种方法是在定义结构体类型的同时直接定义对应类型的变量。

(3) 第三种方法。

```
struct
{
  成员列表;
}变量名 1,变量名 2,……,变量名 n;
```

这种方法是定义了一个无名结构体类型的同时直接定义对应类型的变量，这种定义格式，在后续程序中再需要该结构体类型时，就不能用来再次定义变量，因为其没有名字。

结构体具有以下优点。

- 数据的逻辑关系清晰。
- 便于处理复杂的数据结构问题。
- 便于函数间传递不同类型数据。

【例 2-5】 结构体类型变量的 3 种定义方法的应用案例。

```
#include <iostream.h>
struct date
{  int day;
   int month;
   int year;
};                                //定义一个 date 的结构体类型
struct student
{  unsigned num;
  char name[10];
  struct date birthday;   //结构体中的成员类型可以是另一个结构体类型
}stu1;                           //定义结构体类型之后紧接着就定义该类型的变量
struct
```

```
{  int x;
   int y
}point;          //无名结构体的定义,在定义同时就声明该类型的变量
void main( )
{
  student stu2;//用已经存在的结构体类型定义该类型的变量
}
```

3）结构体类型变量的使用

(1) 使用结构体变量的成员的格式如下：

```
结构体变量名.成员名            //“.”称为成员运算符
```

例如：

```
student st1={201310100u,"张三",'m',18u,568};
cout<<st1.name<<endl;
```

(2) 同类型结构体变量之间可直接赋值，这种赋值方式等价于各个成员依次赋值，例如：

```
student st1={201310100u,"张三",'m',18u,568},st2;
st2=st1;          //st2与st1里面的对应成员值是一样的
```

注意：为结构体变量初始化时，在花括号中列出的数据的类型及顺序必须与该结构体类型定义中所说明的结构体成员一一对应，否则编译时就会出错。

(3) 结构体变量不能直接输入/输出，其成员能否直接输入/输出，取决于其成员的类型，若是基本类型或字符数组，则可以直接输入/输出。

【例 2-6】 结构体变量的应用案例。

```
#include <iostream.h>
struct student
{
 unsigned num;
 char name[10];
 char sex;
 float score;
};
void main()
{
 student stu={01,"张三",'F',586};
 cout<<"学号:"<<stu.num<<endl;
 cout<<"姓名:"<<stu.name<<endl;
 cout<<"性别:"<<stu.sex<<endl;
 cout<<"成绩:"<<stu.score<<endl;
}
```

运行结果为：

```
学号:01
姓名:张三
性别:F
成绩:586
```

4) 定义结构体数组

与基本数据类型一样，也可以定义结构体数组。定义结构体数组的方法与定义结构体变量的方法类似，也有 3 种方法，具体如下。

(1) 格式一：先定义结构体类型，后定义变量。例如：

```
struct student
{ unsigned  id;
 char  name[10];
 char  sex;
 unsigned  age;
 float  score;
};
student st1[2],st2;
```

(2) 格式二：定义结构体类型的同时直接定义变量。例如：

```
struct student
{ unsigned  id;
 char  name[10];
 char  sex;
 unsigned  age;
 float  score;
}st1[2],st2;
```

(3) 格式三：定义一个无名结构体类型的同时直接定义变量。例如：

```
struct
{ unsigned  id;
 char  name[10];
 char  sex;
 unsigned  age;
 float  score;
}st1[2],st2;
```

和其他变量定义一样，结构体变量在定义的同时也可以进行初始化。例如：

```
student st1[2]={{201310110u,"张三",'f',18u,580},
{201310111u,"李四",'m',18u,645}};
```

【例 2-7】 结构体数组变量的应用案例。

```
#include <iostream.h>
struct student
{
 unsigned num;
 char name[10];
 char sex;
};
void main()
{
 student stu1[3]={{01,"张三",'F'},{02,"李四",'M'},{03,"王二",'M'}};
 cout<<stu1[0].num<<" "<<stu1[0].name<<" "<<stu1[0].sex<<endl;
 cout<<stu1[1].num<<" "<<stu1[1].name<<" "<<stu1[1].sex<<endl;
```

```
    cout<<stu1[2].num<<" "<<stu1[2].name<<" "<<stu1[2].sex<<endl;
}
```

运行结果为：

```
01  张三  F
02  李四  M
03  王二  M
```

2. 共同体的介绍

共同体允许几个不同类型的变量共用同一组内存单元。共同体也是一种用户自定义数据类型，需要先定义后使用。一旦定义了共同体类型，就可以与对基本数据类型的操作一样，定义共同体变量、共同体数组等。

从定义形式上看，共同体与结构体非常相似，都是用户自定义数据类型，都由多个成员组成，成员的类型可以不同也可以相同。从使用形式上看，共同体与结构体完全相同。从内存分配上看，共同体与结构体有本质的区别：结构体的每个成员都有自己的独占内存；而共同体的每个成员共用同一块内存。

1）共同体类型的定义

其定义格式如下。

```
union 共同体名
{ 类型名 成员名 1;
  类型名 成员名 2;
  ………
};
```

其中，union是定义共同体的关键字；共同体名由合法的标识符构成；成员名也由标识符构成，成员的类型可以是基本数据类型，也可以是用户自定义类型。例如：

```
union memory
{ char ch;
  int x;
  double y;
};
```

共同体类型memory有一个字符型成员ch，一个整型成员x和一个双精度型成员y，共用8个字节内存。

2）共同体类型变量的定义和使用

(1) 共同体类型变量的定义。

与说明结构体变量类似，说明共同体类型变量的方法有以下3种。

① 先定义共同体类型，再定义其变量。例如：

```
union memory
{ char ch;
  int x;
  double y;
};
memory  mm,nn[3];
```

② 定义共同体类型时直接定义其变量。例如：

```
union memory
{ char ch;
  int x;
  double y;
}m1,m2;
```

③ 定义无名共同体类型时直接定义共同体变量。例如：

```
union
{ char ch;
  int x;
  double y;
}m1,m2;
```

(2) 共同体变量的使用。

共同体类型变量的用法与结构体类型变量的用法相同。例如：

```
m1.ch='a';
cout<<m1.ch;
```

在使用共同体变量时，需要注意以下几点。

- 同一共同体内的所有成员共用同一存储区域，其存储区域的大小由占用最大存储区的成员所决定。
- 在共同体类型变量中，起作用的成员总是最新存放的成员，原有成员的值被覆盖。
- 共同体类型中的成员可为已定义的任意类型，当然也可以是共同体或结构体。结构体中的成员也可以是共同体。

【例 2-8】 共同体变量的应用案例。

```
#include <iostream.h>
union ex
{
  struct
  {
   int x,y;
  }in;
  int a,b;
}e;
void main()
{
  e.a=1;
  e.b=2;                  //此时内存中存入的是 2(覆盖了成员 a 的值)
  e.in.x=e.a*e.b;         //此时内存入中存入的是 4(即 2+2)
  e.in.y=e.a+e.b;         //此时内存中存入的是 8(即 4+4)
  cout<<"the length of struct is:"<<sizeof(e)<<endl;
//sizeof 函数可以求某一个变量或类型的长度
  cout<<e.in.x<<" "<<e.in.y<<endl;
}
```

运行结果为：

```
the length of struct is:8
4  8
```

2.3 运算符和表达式

运算符也称为操作符，用于描述对数据的操作。我们将运算对象称为操作数，它们可以是常量、变量、表达式或函数。例如，A+B中，称为A和B为操作数，字符“+”称为加运算符。

根据运算符的功能可以把运算符分为算术运算符、赋值运算符、关系运算符、逻辑运算符、位运算符及其他运算符等。把不同运算符的运算优先关系称为运算符的优先级。表2-3中给出了C++提供的运算符及其优先级。运算符的优先级确定运算时的优先次序，表2-3中优先级的序号越小，其优先级就越高，其意义和作用与数学中的运算符优先级相同。

表2-3 运算符的详细介绍

优先级	运算符	含义	操作数个数	结合性
1	() . -> [] :: * ->* &	圆括号或函数调用 成员访问符 下标运算符 作用域运算符 成员指针运算符 引用		右结合
2	* & new delete ! ~ ++ -- +、- sizeof	取变量值运算符 取地址运算符 申请动态内存 释放动态内存 逻辑非运算符 按位取反运算符 自增运算符 自减运算符 正、负号运算符 求占用内存字节长度	1	左结合
3	*、/、%	乘、除、取余	2	右结合
4	+、-	加、减	2	右结合
5	<<、>>	左移位、右移位	2	右结合
6	<、<=、>、>=	小于、小于等于、大于、大于等于	2	右结合
7	==、!=	等于、不等于	2	右结合
8	&	按位与运算符	2	右结合
9	^	按位异或运算符	2	右结合
10	|	按位或运算符	2	右结合
11	&&	逻辑与运算符	2	右结合
12	||	逻辑或运算符	2	右结合
13	?:	条件运算符	3	左结合
14	=、+=、-=、*=、 /=、%=、<<=、>> =、&=、^=、|=	赋值运算符、复合赋值运算符	2	左结合
15	,	逗号运算符		右结合

同优先级的运算符，按从左到右的顺序计算还是按从右到左的顺序计算，由运算符的结合性确定。运算符的结合性分为左结合和右结合，决定了运算符对其操作数的运算顺序。如果一个运算符对其操作数按从左向右的顺序执行运算符所规定的运算，则称这种运算符为左结合。例如，12＋34，先取 12 再取 34，然后进行加法运算。这是按从左到右的顺序执行加法运算，所以运算符"＋"是左结合的。如果一个运算符对其操作数按从右到左的顺序执行其所规定的运算时，称这种运算符为右结合。例如，x＋＝3，先取 3，再取出变量 x 的值，二者进行加法运算后，将结果赋给变量 x。这是按从右向左的顺序对操作数完成规定的运算，所以运算符"＋＝"是左结合的。

如果一个运算符仅需要一个运算对象来进行操作，则称该运算符为一元(单目)运算符。其表达格式如下。

```
<单目运算符> <操作数>  或者  <操作数> <单目运算符>
```

例如，取负运算符('－')，自加运算符等。

如果一个运算符要求两个操作数参与操作时，则称该运算符为二元(双目)运算符。其表达格式如下。

```
<操作数 1> <双目运算符> <操作数 2>
```

例如，乘运算符('＊')，取余运算符('%')。

在 C＋＋语言中还有一种运算符需要三个运算对象参与运算的，称为三元运算符('?:')也称为条件运算符。

表达式是由运算符、圆括号和操作数构成的合法式子，经过运算，应得到一个某种类型的确定值。操作数可以是常量、变量或函数等。使用不同的运算符可以构成不同类型的表达式，如算术表达式、赋值表达式、关系表达式和逻辑表达式等。表达式的书写，对于操作数、运算符和圆括号之间的是否需要空格没有固定要求。需要注意的是，在 C＋＋语言中表达式没有上下结构，都是在一条水平线上。例如：

```
y+1
---       //error
 x
(y+1)/x  //OK
```

2.3.1 算术运算符及算术表达式

1. 算术运算符

C＋＋语言中算术运算符有 7 个：－(负号)、＋(正号)、＋(加)、－(减)、＊(乘)、/(除)、%(取余)、＋＋(自增)、－－(自减)。

－(负号)、＋(正号)这两个运算符是用于对操作数取负和取正操作。取负操作的结果是给操作数的值加上个负号，取正操作的结果与操作数相同。因此，在一般情况下，取正操作很少使用。＋(加)、－(减)用于实现两个操作数的相加、相减运算。＊(乘)、/(除)用于实现两个操作数的乘、除运算。一般情况下，要求双目运算符的两个操作数的类型相同，但是如果两边的操作数类型不同，系统会进行自动类型转换。例如，一个表达式中参与运算符的对象一个是实型数据，另一个是整型数据，则系统自动将整型转换为实型数据参与运算。特别需要强调的是，对于除法运算符"/"，若两边的操作数均为整型数时，则作整除运算，即只取运算结果的整数部分，去掉小数部分。例如：

```
3/4    //结果为 0
3.0/4   //结果为 0.75
```

自动类型转换一般遵循的原则是占空间小的数据类型向占空间大的数据类型转换，其转换方向如图 2-4 所示。

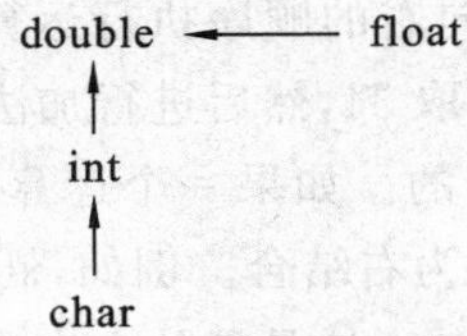

图 2-4　自动类型转换方向示意图

C＋＋语言中除了系统可以自动对参与运算的操作数进行类型转换之外，还可以进行强制类型转换，其格式如下。

```
(转换类型)(表达式);
```

例如：

```
(int)6.87            //结果为 6
(double) (13%2)      //结果为 1.0，这里的表达式外的圆括号很重要
```

％(取余)用于计算两个操作数相除的余数，操作数的类型要求为整型。所得余数的符号与左操作数相同。例如：

```
10%3  //结果为 1
-10%3   //结果为-1
10%(-3)    //结果为 1
```

在 C＋＋中，应注意算术运算的溢出问题，具体如下。

(1) 在除法运算中，若除数为 0 或实数运算的结果溢出，则系统会认为产生了一个严重的错误，将终止程序的执行。

(2) 两个整数进行加法、减法或乘法运算时，产生整数溢出并不认为是一个错误，但这时的计算结果已经不正确了，编程时要格外注意。例如：

```
int  n=60000;
cout<<n*n<<endl;
```

上述程序的输出结果为－694967296，这显然是错误的。原因是 n＊n 的值超出了 int 型的数值范围，产生高位溢出。此类问题可以通过改变变量的类型来解决。例如，将语句“int n＝60000;”改为“unsigned int n＝60000;”，便可得到正确结果。

＋＋(自增)和－－(自减)是一元运算符，其运算规则是对运算对象自加(或自减)1 以后再赋给自身变量。例如，i＋＋；相当于 i＝i＋1；。“＋＋”和“－－”运算符可以放在运算对象的前面，也可以放在其后，用于快速实现运算对象的增 1 和减 1 操作。变量的类型可以是字符型、整型、实型、枚举型和指针类型等。前置的＋＋(－－)与表示后置的＋＋(－－)对运算对象本身来说没有什么区别，都是对运算对象自己增 1 或减 1，但是当它们出现在表达式中时，对表达式的影响就会不同。例如：

```
int i=5,j;
j=12+ (i++);//在该表达式中，先取 i 的值作为表达式(i++)的值与 12 进行相加运算，最
            //终 j 的值为 17
j=12+ (++i);// 在该表达式中，先计算++i，结果为 6 作为表达式(++i)的值与 12 进行
            //相加运算，最终 j 的值为 18
```

上述两个表达式中，对于变量 i 本身来说最后的结果都是 6。

在 C＋＋语言中使用“＋＋”和“－－”运算符时，需要强调以下几点。

(1) ++和--运算符只能用于变量。

(2) 在表达式中应尽可能地避免多次使用++和--运算符，因为多次使用会减低程序的可读性。

2. 算术运算符的优先级

运算符“+”、“-”属于同一优先级，“*”、“/”、“%”属于同一优先级。后者的优先级高于前者，这与数学运算相同。对于同一优先级的运算符，则按照从左到右的顺序进行计算。可以用圆括号改变运算符的优先顺序，先计算圆括号内的值，再计算圆括号外的值。

3. 算术表达式

算术表达式是由算术运算符、圆括号和操作数构成的，并且符合C++语言规则的式子。操作数可以是常量、变量或函数等。例如，设有如下定义：

```
int a=25,b=4,c=6;
```

求下述表达式的值。

```
a+b*c
```

因为运算符“*”的优先级高于运算符“+”的优先级，因此应先进行乘法运算，再进行加法运算，表达式的值为47。又如：a*-b，因为负号的运算符优先级高于“*”运算符的优先级，并且“-”的结合性是左结合的，因此先对b进行取负运算，然后再作乘法运算，表达式的值为-100。而表达式a*--b中，就会产生歧义：对于运算对象b来说既可以看成是两次取负运算，也可以看成是自减运算("--"运算符后面会详细讲解)，因此导致程序的可读性较差，所以适当的加上圆括号就能更清楚表示出表达式的意义。若将上述表达式改为a*(-(-b))，则表达式所表示的含义就很清楚了，其最终的结果为100。

在使用表达式时，应注意以下几点。

(1) 表达式应简洁明了，没有多余的运算符。

(2) 表达式求值时，表达式中的每个变量都应有确定的值。

(3) C++语言的运算符较多，在书写比较复杂的表达式时，可适当增加配对的圆括号，明确指定表达式的求值顺序。

【例2-9】 算术运算符的应用案例。试编程实现以下功能：将一天的24小时制时间转换成12小时制时间。

```
#include <iostream.h>
void main()
{
  int h;
  cout<<"请输入任意一个时间(24小时制):";
  cin>> h;
  cout<<"24小时制时间"<<h<<"点转换为12小时制为:"<<h% 12<<"点"<<endl;
}
```

运行结果为：

```
请输入任意一个时间(24小时制):23
24小时制时间23点转换为12小时制为:11点
```

【例2-10】 自加、自减运算符的应用案例。

```
#include <iostream.h>
void main()
{
  inti,j;
```

```
  i= 5;
  j= 10;
  cout<<"i="<<i++<<endl;
  cout<<"j="<<--j<<endl;
  cout<<i<<"+"<<j<<"="<<i+j<<endl;
}
```

运行结果为：

```
i= 5
j= 9
6+ 9= 15            //读者自行思考这里的 i 为什么是 6
```

2.3.2 关系运算符及关系表达式

1. 关系运算符

关系运算符用来比较两个操作数之间的关系。C++语言中有 6 个关系运算符：<、<=、>、>=、==、!=。它们都是二元运算符，其中前 4 个关系运算符的优先级相同，后 2 个关系运算符的优先级相同，并且前 4 个关系运算符的优先级高于后 2 个关系运算符。关系运算符的优先级比算术运算符低，但高于赋值运算符，其结合性是左结合。

2. 关系表达式

用关系运算符将操作数连接起来的式子称为关系表达式。关系表达式的运行结果只有两个逻辑值：整数 0 或 1。关系成立时的结果为 1；否则，结果为 0。例如：

```
6*3+3> 6*6  //结果为 0
'b'> 'a'    //结果为 1
```

注意：(1) 关系表达式 a>b>c 的含义并不是 a 大于 b 且 b 大于 c，而是依据运算符的优先级和结合性先求出 a>b 的值(0 或 1)，并使运算的结果继续参加后面的运算。

(2) “=”运算符与“==”运算符是两个不同的运算符。

(3) 在 C++语言中两个实型数据不能判等的运算，如 1.0/3*3 在数学中和 1.0 相等，但是在 C++中不等。

【例 2-11】 关系运算符的应用案例。

```
#include <iostream.h>
void main()
{
  float x,y;
  cin>>x>>y;
  cout<<"the result is:"<<(x*3==y+3)<<endl;  //注意圆括号不能省略
}
```

运行结果为：

```
3 4                 //假设给 x 和 y 的赋值为 3 和 4
the result is:0
```

【例 2-12】 复杂的关系表达式和算术表达式应用案例。

```
#include <iostream.h>
#include <math.h>
void main()
{
  int x=11,y=25,z;
  float num1,num2,num3,num4;
  z=(x==y);
  cout<<"z="<<z<<endl;
  num1=(14+ 35)> 12*3;
  cout<<"num1="<<num1<<endl;
  num2=x> y> z;
  cout<<"num2="<<num2<<endl;
  num3=fabs(1.0/3*3-1.0)<1e-6;
  cout<<"num3="<<num3<<endl;
  num4=sqrt(x+y+z);
  cout<<"num4="<<num4<<endl;
}
```

运行结果为:

```
z=0
num1=1
num2=0
num3=1
num4=6
```

2.3.3 逻辑运算符及逻辑表达式

1. 逻辑运算符

逻辑运算符用于实现逻辑运算,以及表示复杂的条件。在C++语言中,逻辑运算符有3种:!(逻辑非)、&&(逻辑与)和||(逻辑或)。其中,逻辑非"!"优先级最高,高于算术运算符;逻辑与"&&"的优先级低于逻辑非,但高于逻辑或"||",并且二者均比关系运算符、算术运算符的优先级低。逻辑非(!)是右结合,逻辑与(&&)和逻辑或(||)是左结合。逻辑运算符的运算规则见表2-4。

2. 逻辑表达式

用逻辑运算符连接起来的式子称为逻辑表达式。逻辑操作的操作数类型与关系运算相同。其运算结果也用整数(0或1)表示。当逻辑关系成立时,其运算结果为整数1,否则,结果为整数0。同样,其运算结果可以作为一个整数继续参加算术运算、关系运算或逻辑运算。在C++语言中,当参加逻辑运算的操作数非零时,则为逻辑真;而当操作数的值为0时,则为逻辑假。

注意:在数学中表示区间的概念与C++中不同,如0<i<10表示i是在0到10之间,而在C++中要想表示某个数据是在一个区间的概念时不能如此表达,正确的表达格式为:i>0&&i<10。

表 2-4　逻辑运算符运算规则

a	b	! a	a&&b	a||b
0	0	1	0	0
0	1	1	0	1
1	0	0	0	1
1	1	0	1	1

【例 2-13】　逻辑运算符的应用案例。

```
#include <iostream.h>
void main()
{
  int x,y;
  x=67;y=34;
  cout<<"the result of is:"<<(x&&y)<<"  "<<(x-67||y-34)<<endl;
}
```

运行结果为：

```
the result is:1 0
```

2.3.4　逗号运算符及表达式

1. 逗号运算符

在C++语言中，逗号运算符“,”的优先级最低。逗号表达式是由逗号运算符连接运算对象形成的式子，其一般形式如下。

```
表达式 1,表达式 2,…,表达式 n;
```

2. 逗号表达式

按从左到右的顺序依次求出各表达式的值，并把最后一个表达式的值作为整个逗号表达式的结果。例如：

```
int a=2,b;
a+=2,b=3+a;
```

该表达式的结果为 7，即最后一个表达式的值。此时，a 的值为 4，b 的值为 7。

注意：并非所有的逗号都构成逗号表达式。例如，max(a+b,c+d)中，逗号只是一个分隔符，而不是运算符。

【例 2-14】　逗号运算符的应用案例。

```
#include <iostream.h>
void main()
{
  int x=5,y1,y2;
  y1=x++,++x,x+5;
  y2=(x++,++x,x+5);
  cout<<"y1="<<y1<<" "<<"y2="<<y2<<endl;
}
```

运行结果为：

```
y1= 5 y2= 14
```

2.3.5 赋值运算符及表达式

1. 赋值运算符与赋值表达式

赋值运算符“＝”是一个向左结合的二元运算符，它是将赋值运算符右侧表达式的值赋给其左侧的一个变量。赋值表达式是用赋值运算符将一个变量和一个表达式连接起来的合法式子，其格式如下。

变量＝表达式

例如：

```
x=3;                //表示将 3 赋给 x
```

赋值表达式的值是取其左边操作数的值，如赋值表达式“x＝3”的值为变量 x 的值。赋值运算符的优先级比算术运算符、关系运算符和逻辑运算符的优先级低，只高于逗号运算符。其结合性为右结合，计算顺序是从右向左，即先求表达式的值，然后将表达式的值赋给变量。例如：

```
int a,b,c;
a=4+6;              //将 4+6 的值赋给变量 a
b=c=a+6;            //将变量 a 的值与 6 相加赋值变量 c,再将变量 c 的值赋值变量 b
a=5+c=5;            //error
c=b+(a=5)           //将 5 赋给变量 a,再将变量 a 的值与变量 b 的值相加赋给变量 c
```

使用赋值运算符还应该注意以下几点。

(1) 在 C＋＋语言中，等号是“＝＝”，不要与赋值运算符“＝”混淆。

(2) 由于赋值表达式有一个确定的值，所以在一个赋值中允许出现两个或多个赋值运算符，这称为多重赋值。

(3) 不同 C＋＋编译器对赋值表达式的值的不同处理，可能导致同一表达式在不同编译系统下的运行结果不同。例如：

```
int x,s;
s=(x=2)+(++x);
cout<<s<<endl;
```

在 VC＋＋ 6.0 中，s 的值为 6；而在 Dev C＋＋ 4.9 中，s 的值为 5。若将上述代码修改为如下形式，则：

```
int x=2,s;
s=x+(++x);
cout<<s<<endl;
```

在 VC＋＋ 6.0 和 Dev C＋＋ 4.9 中，s 的值均为 6。这是因为两种编译器对表达式“x＝2”的不同处理造成的，其解决办法是对表达式进行分解。

2. 复合赋值运算符

在 C＋＋中，所有的二元运算符和位运算符均可与赋值运算符组合成复合赋值运算符，共有 10 个：“＋＝”、“－＝”、“＊＝”、“/＝”、“%＝”、“<<＝”、“>>＝”、“&＝”、“^＝”、“|＝”。复合赋值运算符的优先级和结合性与赋值运算符相同。复合赋值运算符的使用格式如下。

```
变量 复合赋值运算符 表达式
```

等价于

```
变量= 变量 运算符(表达式)
```

例如：

```
x+=y-10    等价于 x=x+(y-10)
x*=y+z*6   等价于 x=x*(y+z*6)
```

含有复合赋值运算符的表达式也属于赋值表达式。使用复合赋值运算符不但可以简化表达式的书写，而且还可提高编译程序对该表达式生成的目标代码质量。

【例 2-15】 赋值运算符的应用案例。

```
#include <iostream.h>
void main()
{
char ch1='b',ch2='a';
ch1+=3;
ch2-=32;
cout<<"ch1="<<ch1<<""<<"ch2="<<ch2<<endl;
}
```

运行结果为：

```
ch1=e ch2=A
```

2.3.6 条件运算符

1. 条件运算符

在C++语言中，"?:"是条件运算符，它是唯一的一个三元运算符，条件表达式的格式如下。

```
表达式 1?表达式 2:表达式 3
```

其中，表达式可以是任意的符合C++语法规则的表达式。条件表达式的运算过程是：先求表达式1的值，若其值不为0，则求出表达式2的值，并把该值作为条件表达式的最终结果；否则求出表达式3的值，并把它作为该条件表达式的最终结果。例如：

```
max=a>b?a:b;
```

2. 条件表达式

条件运算符的优先级较低，仅高于赋值运算符、符合赋值运算符和逗号运算符。条件表达式的运算结果是一个数值，可以继续参加运算，也可用于表达式求值的任何地方。因此，上述表达式是先比较变量a和b的值，若a>b成立，就取a的值赋给max；否则，就将b的值赋给max。

【例 2-16】 条件运算符的应用案例。

```
#include <iostream.h>
void main()
{
  int a,b;
  int max;
  cin>> a>> b;
  max=a> b? a:b;
```

```
    cout<<"max="<<max<<endl;
}
```

运行结果为：

```
34 23
max=34
```

2.3.7 位运算符

位运算符主要用于系统程序设计，其操作过程是将其运算对象转换成二进制以后，对二进制数进行按位逻辑运算或移位运算。位运算符的操作数只能是整型数据，具体的应用请读者自行依据每一个运算符的运算规则分析。C++语言的位运算符有 6 个，包括 4 个逻辑运算符和 2 个移位运算符。

1. 逻辑运算

逻辑运算符有 4 个：~(按位取反)、&(按位与)、|(按位或)、^(按位异或)。

1) ~(按位取反)

运算符"~"是一元运算符，它对其操作数的每一个二进制位进行"按位取反"操作，即将 1 变为 0，将 0 变为 1。例如：

```
~5→  ~00000101
     ---------
      11111010
```

2) &(按位与)

运算符"&"是二元运算符，它将其两边操作数的对应位按位进行逻辑与运算。每个对应二进制位的运算规则为：只有当对应位均为 1 时，结果才为 1；否则，结果均为 0。例如：

```
12&9→  12     00001100
       &9    &00001001
             ---------
              00001000
```

3) |(按位或)

运算符"|"是二元运算符，它将其两边操作数的对应位按位进行逻辑或的运算。每个对应二进制位的运算规则为：只有当对应位均为 0 时，结果才为 0；否则，结果均为 1。例如：

```
12|9→  12     00001100
       |9    |00001001
             ---------
              00001101
```

4) ^(按位异或)

运算符"^"是二元运算符，它将其两边操作数的对应位按位进行逻辑异或运算。每个对应二进制位的运算规则为：只有当对应位不同时，结果才为 1；否则，结果为 0。例如：

```
12^9→  12     00001100
       ^9    ^00001001
             ---------
              00000101
```

2. 移位运算

移位运算符是二元运算符，包括<<(左移)和>>(右移)。

1) <<运算符

其运算符的一般格式如下。

```
a<<n
```

其中，a 为一个任意整型数据，n 为一个正整数，表示将数值 a 的对应二进制数依次向左移动 n 位，高位舍弃，低位补 0。例如：

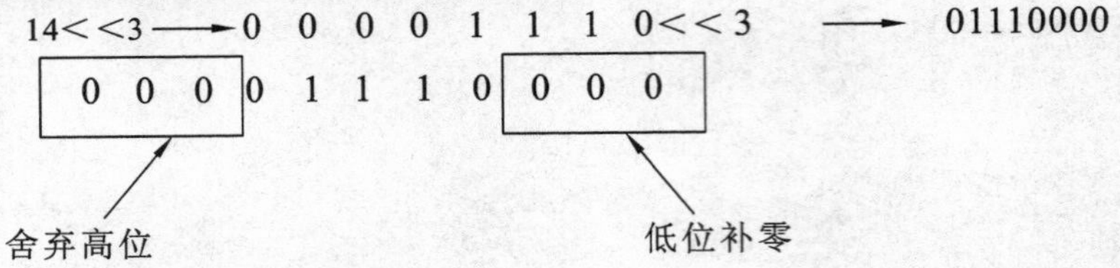

2）>>运算符

其运算符的一般格式如下。

```
a>>n
```

其中，a 为一个任意整型数据，n 为一个正整数，表示将数值 a 的对应二进制数依次向右移动 n 位，低位舍弃，高位依据情况的不同处理方式也不同。对于无符号整型数，高位补 0；对于有符号数，高位补符号位（正数补 0，负数补 1）。例如：

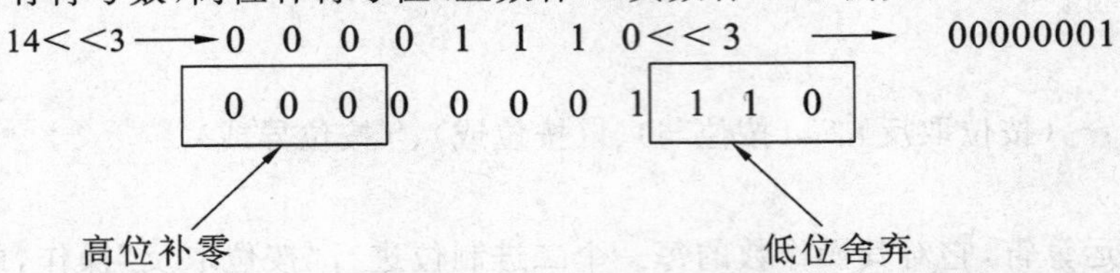

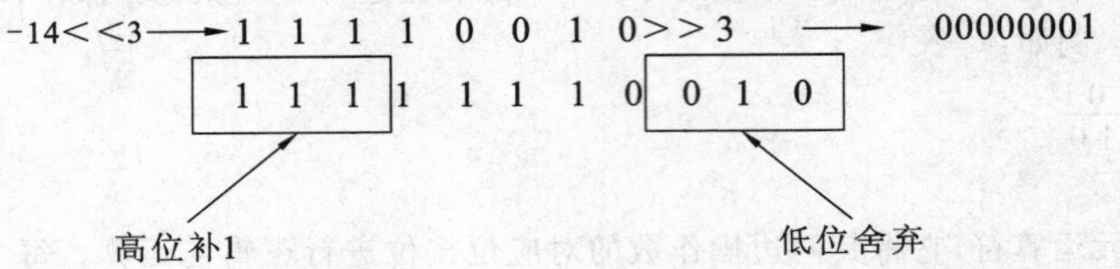

2.3.8 sizeof 运算符

sizeof 运算符是一元运算符，用于计算数据类型或表达式占用内存的字节数。其格式如下。

```
sizeof(类型名或表达式)
```

其中，类型名可以是预定义的基本数据类型名也可以是用户自定义的数据类型名。例如：

```
sizeof(int)      //值为 4
sizeof('a')      //值为 1
struct student
{ long num;
  char name[10];
  float score;
};
sizeof(student);      //值为 20
```

理论上来说，结构体变量在内存中所占空间总数是各个成员所占空间总数之和。例如，student 结构体从定义的格式上看，所占内存总数应该为 4＋10＋4＝18。但是，在 VC＋＋运行环境中对变量存储进行了特殊的处理。为了提高 CPU 的存储速度，VC 对一些变量的起始地址做了“对齐”处理。在默认情况下，VC＋＋规定各成员变量存放的起始地址相对于结构的起始地址的偏移量必须为该变量的类型所占用的字节数的倍数。其细节很多，请读者自行参阅相关参考文献学习。

```
struct student
{  long num;                 //相对结构体起始地址偏移量为 0,符合对齐方式要求
   char name[10];            //偏移量为 4,符合对齐方式要求
   float score;              //偏移量为 14,不是 float(4 个字节)整数倍,不符合对齐方式要
                             //求,VC++中自动添加 2 个字节,将偏移量变为 16,这时就符合
                             //对齐方式的要求
};                           //占空间总数为:4+10+2+4=20
```

2.4 结构控制语句

若要对数据进行复杂处理,单单通过表达式是不可以的,这时就需要使用流程控制语句来实现。基本流程控制结构包括顺序结构、选择结构(分支结构)和循环结构(重复结构),通过基本流程控制结构的组合可以实现任何复杂的数据处理流程。在 C++语言中,每个基本流程控制结构都有其对应的语句。

一个 C++程序至少由一个源程序文件组成。一个源程序文件通常由编译预处理指令、注释和函数定义组成。一个函数通常是由函数头和函数体组成,函数体是由若干条语句所组成。语句是组成程序的基本单元,C++语言的语句分为 6 类。

1. 说明语句

说明语句用于完成数据类型、变量和函数等的定义。

2. 控制语句

控制语句是可能改变程序执行顺序的语句,包括条件语句、开关语句、循环语句、转向语句和返回语句等。

3. 函数调用语句

函数调用语句是在函数调用后加一个分号所构成的语句。例如:

```
sin(x);
```

4. 表达式语句

表达式语句是在任意表达式的后面加上一个分号构成的。例如:

```
x+=y*6+sqrt(36);
```

5. 空语句

空语句仅由一个分号所构成,不执行任何动作,也无实际意义。空语句主要用于特殊情况下。

6. 复合语句

复合语句是用一对花括号("{}")把一个或多个语句括起来所构成的语句,也称为块语句。复合语句虽然是由多条语句组成,但整体上看成是一条语句,可以出现在只允许出现一条语句的任何地方,广泛用于控制语句中。

2.4.1 if 语句

选择语句也称为分支语句,它控制程序执行的过程是:先计算给定的条件,然后根据计算结果来选择执行两个或多个分支程序段中的某一个。C++语言提供了两个选择语句,即条件语句 if 和开关语句 switch。

1. 条件语句 if

条件语句也称为 if 语句，它的功能是：根据给定的条件，选择执行的分支，主要有如下 3 种形式。

1）单分支结构

其格式如下。

```
if(表达式)
  语句;
```

其中，表达式是符合 C++语法规则的任意表达式。其执行过程为：先计算表达式，若表达式结果为非零则执行语句，要求语句必须是一条语句，若需要多条语句来实现其功能时，就需要使用复合语句；否则，跳过分支结构，直接执行程序的后续语句。

【例 2-17】 从键盘上输入两个数，输出较大的数据。

```
#include <iostream.h>
void main()
{
int a,b,max;
cout<<"请输入两个数字:";
cin>>a>>b;
if(a>b)
  max=a;
if(a<=b)
  max=b;
cout<<"the larger number is:"<<max<<endl;
}
```

运行结果为：

```
请输入两个数字:35 24
the large number is:35
```

【例 2-18】 通过键盘输入任意一个小写字母，将其转换成大写字母。

```
#include <iostream.h>
void main()
{
  char ch,CH;
  cout<<"请输入一个小写英文字母:";
  cin>>ch;
  if(ch>='a' &&ch<='z')
    CH=ch-32;
  cout<<ch<<"对应的大写字母为:"<<CH<<endl;
}
```

运行结果为：

```
请输入一个小写英文字母:e
e对应的大写字母为:E
```

2. 双分支结构

其格式如下。

```
if(表达式)
   语句 1;
else
   语句 2;
```

其中,表达式可以是 C++中任意合法的表达式。其执行过程如下。

(1) 计算表达式,若表达式结果为非零则执行步骤(2),否则执行步骤(3)。

(2) 执行语句 1,接着执行步骤(4)。

(3) 执行语句 2,接着执行步骤(4)。

(4) 执行分支语句的后续语句。

【例 2-19】 用双分支实现输出两个数中的较大数的功能。

```
#include <iostream.h>
void main()
{
 int a,b,max;
 cout<<"请输入两个数字:";
 cin>>a>> b;
 if(a>b)
    max=a;
 else
    max=b;
 cout<<"两个数中较大的是:"<<max<<endl;
}
```

运行结果为:

```
请输入两个数字:35 24
两个数中较大的是:35
```

【例 2-20】 通过键盘输入任意一个年份,判断该年份是否为闰年。其中,闰年的条件是:年份可以被 4 整除但是不能被 100 整除,或者年份可以被 400 整除。

```
#include <iostream.h>
void main()
{
  int year;
  cout<<"请输入一个年份(四位):";
  cin>>year;
  if(year%4==0 &&year%100!=0)||(year%400==0)
    cout<<year<<"是闰年!"<<endl;
else
    cout<<year<<"不是闰年!"<<endl;
}
```

运行结果为:

```
请输入一个年份(四位):2008
2008 是闰年
```

3. 多分支结构

在分支语句中,内嵌的语句可以是任意语句。因此,分支语句中也可以是分支语句,形成分支的嵌套结构，称为嵌套的条件语句。其一般格式如下。

```
if(表达式 1)              if(表达式 1)
  if(表达式 2)              if(表达式 2)
    语句 1                    语句 1
                          else
                              语句 2
if(表达式 1)              if(表达式 1)
  语句 1                      语句 1
else                      else
  if(表达式 2)              if(表达式 2)
    语句 2                      语句 2
                          else
                                语句 3
```

注意：在C++语言中，只有if语句或者if…else语句，没有单独的else语句，else出现必须有一个if与其配对，在C++语言中规定else总是与它上面紧邻的没有else配对的if配对。

【例 2-21】 将键盘输入的百分制成绩转换成五级计分制的成绩输出。五级计分制成绩确定规则为："A"(90～100)、"B"(80～89)、"C"(70～79)、"D"(60～69)、"E"(60分以下，不包括60)。

```
#include <iostream.h>
viod main()
{ int score;
  char grade;
  cout<<"请输入一个分数值(0~ 100):";
  cin>>score;
  if(score>=90&& score<=100)
    grade='A';
  else if(score>=80 && score<=89)
    grade='B';
  else if(score>=70 && score<=79)
    grade='C';
  else if(score>=60 && score<=69)
    grade='D';
  else
    grade='E';
  cout<<score<<"分所处的等级为:"<<grade<<endl;
}
```

运行结果为：

```
请输入一个分数值(0~100):56
56分所处的等级为:E
```

【例 2-22】 用户通过键盘输入任意一个年份与月份，自动显示该年的当月中所包含的天数。

```
#include <iostream.h>
void main()
{
 int year,month,day;
 cout<<"请输入一个年份(四位):";
 cin>>year;
 cout<<"请输入一个月份:";
 cin>>month;
 if(month==1  ||month==3  ||month==5  ||month==7  ||month==8  ||month==10
||month==12)
   day=31;
else if(month==4||month==6||month==9||month==11)
  day=30;
else
{ if(year%4==0 &&year%100!=0)
    day=29;
  else
    day=28;
}
cout<<year<<"年"<<month<<"月有"<<day<<"天"<<endl;
}
```

运行结果为:

```
请输入一个年份(四位):2014
请输入一个月份:3
2014 年 3 月有 31 天
```

2.4.2 switch 语句

switch 语句即开关语句，也称为多分支结构。它可以根据给定的条件，从多个分支语句中选择执行其中一个分支。其语句格式如下。

```
switch(表达式)
{
  case 常量表达式 1:[语句序列 1];[break;]
  case 常量表达式 2:[语句序列 2];[break;]
  ……
  case 常量表达式 n:[语句序列 n];[break;]
  [default:语句序列]
}
```

其中，表达式可以是 C++语言中合法的任意表达式，但是表达式的最终结果必须是整型数据、字符型数据或枚举类型数据；常量表达式只能是由字符型常量、整型常量或者枚举类型常量组成的表达式；语句序列是可选的，可以是由一条或多条语句组成；关键字 break 也是可选的。default 分支放在开关语句的任何位置，但通常作为开关语句的最后一个分支。default 分支若放在开关语句的最后可以省略 break，若放在开关语句的其他位置则后面必须有 break。

其执行过程是：先求表达式的值，再依次与 case 后面的常量表达式比较，若与某一常量表达式的值相等，则转去执行该case后的语句序列，一直执行到break语句或开关语句的右花括号位置。如果表达式的值与case后的任意一个常量表达式的值均不相等，则看是否有default分支，有则执行该分支语句，没有则什么都不做，结束开关语句。

注意：(1) 当省略case后面的语句序列时，则可实现多个入口，执行同一语句序列。
(2) case与后面的常量表达式之间要有空格。
(3) case后的常量不能相同，但是顺序是任意的。
(4) case后面的语句可以是多条语句，这些语句可以不用“{}”括起来。

【例2-23】 将例2-21用开关语句实现。

```
#include <iostream.h>
viod main()
{ int score;
  char grade;
  cout<<"please input a score:";
  cin>>score;
  switch(score/10)
  { case 10:
   case 9:grade='A';break;    //若score/10结果为10,则执行case 9后的语句序列
   case 8:grade='B';break;
   case 7:grade='C';break;
   case 6:grade='D';break;
   default:grade='E';
 }
cout<<"the grade of score is:"<<grade<<endl;
}
```

【例2-24】 设计一个小型计算器，能够实现加、减、乘、除和乘方的运算。

```
#include <iostream.h>
#include <math.h>
void main()
{
  float x1,x2;
  char op;
  cout<<"请输入两个数值:";
  cin>>x1>>x2;
  cout<<"请输入一个运算符:";
  cin>>op;
  switch(op)
  {
  case "+":cout<<x1+x2<<endl;break;
  case "-":cout<<x1-x2<<endl;break;
  case "*":cout<<x1*x2<<endl;break;
  case "/":cout<<x1/x2<<endl;break;
  case "^":cout<<pow(x1,x2)<<endl;break;
```

```
    default:cout<<"the error of operator! "<<endl;
  }
}
```

运行结果为:

```
请输入两个数值:3.4 6
请输入一个运算符:*
20.4
```

【例 2-25】 枚举类型值的输入和输出的应用案例。

```
#include <iostream.h>
void main()
{
  enum sex{male,female}s;
  int n;
  cout<<"请输入一个整数(0—male,1—female):";
  cin>>n;
  switch(n)
  {
  case 0:s=male;break;
  case 1:s=female;break;
  default:cout<<"您的输入错误!\n";
  }
  switch(s)
  {
  case male:cout<<"male\n";break;
  case female:cout<<"female\n";
 }
}
```

运行结果为:

```
请输入一个整数(0-male,1-female):1
female
```

2.4.3 转向语句

goto 语句是一条非常简单的无条件转向语句,它可以将程序的执行流程转到程序中的任何位置,通常是从它所在的地方转移到带有标号的语句处。goto 语句与条件语句组合,可以形成当型循环和直到型循环。但是对于规模很大的程序来说,无限制地使用 goto 语句,则会导致程序流程过于复杂,降低程序的可读性和可维护性等。因此,在 C++语言中又提供了功能受到限制的转向语句 break 和 continue 来替代 goto 语句。

1. break 语句

break 语句的格式如下。

```
break;
```

该语句只用在 switch 或循环语句中。break 语句用在开关语句 switch 中的某个分支语句中,其作用是结束开关语句的执行,并把控制转移到该开关语句之后的第一个语句执行。若将 break 语句用在循环语句的循环体中,当执行到 break 语句时,则直接结束该循环语句的执行，把控制转移到紧跟该循环语句之后的语句执行，具体案例将在循环结构中介绍。

【例 2-26】 编程实现模拟 ATM 机的执行流程。

```
#include <iostream.h>
#include <vector>
void main()
{
  int password,Id;
  cout<<"**************** 进入自动提款系统****************"<<endl;
  cout<<"\n 请输入密码:";
  cin>>password;
  if(password==123456)
    cout<<"\n 欢迎您使用 ATM 系统,请按键选择您所需要的服务"<<endl;
  else
    {cout<<"\n 您的密码错误,请重新输入"<<endl;
      exit(1);
    }
cout<<"\n 1:查询"<<endl;
cout<<"\n 2:取款"<<endl;
cout<<"\n 3:存款"<<endl;
cout<<"\n 4:退出"<<endl;
cout<<"\n 请输入您的选择:";
cin>>Id;
switch(Id)
{
  case 1:cout<<"进行查询操作。"<<endl;break;
  case 2:cout<<"进行取款操作。"<<endl;break;
  case 3:cout<<"进行存款操作。"<<endl;break;
  case 4:exit(1);
  default:cout<<"您的输入有误!"<<endl;
  }
}
```

运行结果为：

```
****************进入自动提款系统****************
请输入密码:123456
欢迎您使用 ATM 系统,请按键选择您所需要的服务
1:查询
2:取款
3:存款
4:退出
请输入您的选择:1
进行查询操作。
```

2. continue 语句

continue 语句的格式如下。

```
continue;
```

该语句只用在循环语句的循环体中，用于结束本次循环的循环体，提前进入下一次循环。对于 while 和 do…while 循环来说，若遇到 continue 语句，则跳转至该循环的表达式的位置；而对于 for 循环来说，则跳转至该循环的表达式处。具体案例在循环结构中将会详细介绍。

3. goto 语句

goto 语句的格式如下。

```
goto 语句标号;
```

其中，语句标号是采用标识符来标识程序中某一条语句，标号无须定义可以直接使用。其格式如下。

```
语句标号:C+ + 语句;
```

C++语句可以是任意合法的语句，包括空语句。当程序执行到 goto 语句时，无条件地转移到标有语句标号的位置处执行。goto 语句主要有如下两种用途。

(1) 从循环体内转移到循环体外，但可用 break 和 continue 替代。只是需要从多层循环体内跳转至外层循环体外时才用到 goto 语句。但是，这种语法不符合结构化程序设计原则，不提倡使用。

注意：不允许从循环语句的外层转移到循环语句的内层。

(2) 与 if 语句一起构成循环。

【例 2-27】 goto 语句的应用案例。

```
#include <iostream.h>
void main()
{
  int i,sum=0;
  i=0;
a:sum+=i;
  if(++i<=100)
     goto a;
  cout<<"sum="<<sum<<endl;
}
```

运行结果为：

```
sum=5050
```

4. exit 函数

exit 函数是 C++标准库 cstdlib 中的函数，其函数原型如下。

```
void exit(int status);
```

执行该函数时，将终止当前程序的执行并将控制权返还给操作系统。status 为终止程序的原因，0 表示正常退出，非 0 表示异常退出。

2.4.4 while 语句

编程时，常会遇到当某一条件成立时，反复执行某些操作的情况，C++语言中用循环语句来完成该项功能。C++循环语句有 3 种：while 语句、do…while 语句和 for 语句。下面首先来介绍 while 语句。while 语句格式如下。

```
while(表达式)
    循环体
```

其中，表达式可以是 C++中任意的合法表达式；循环体可以是 C++中的任意语句，如果是由多条语句组成，需要用复合语句来实现。while 语句的具体执行过程如下。

(1) 计算表达式，若表达式结果为非 0，则执行步骤(2)，否则执行步骤(3)。

(2) 执行循环体。

(3) 停止循环，执行循环语句的后续语句。

【例 2-28】 编写程序，实现求任意两个正整数的最大公约数和最小公倍数。

```
#include <iostream.h>
void main()
{
 int m,n,r,temp,p;
 cout<<"请输入两个数值:";
 cin>>m>>n;
 if(m<n)
  {
    temp=m;
    m=n;
    n=temp;
 }
p=m*n;
 while(n!=0)
 {
   r=m%n;
   m=n;
   n=r;
  }
 cout<<"最大公约数是:"<<m<<endl;
 cout<<"最小公倍数是:"<<p/m<<endl;
}
```

运行结果为：

```
请输入两个数值:9 6
最大公约数是:3
最小公倍数是:18
```


【例 2-29】 用 while 循环实现就 1+2+3+…+100 的和。

```
#include <iostream.h>
void main()
{
  int i=0,sum=0;
  while(i<=100)
    {sum+=i;
      i++;
    }
```

```
    cout<<"sum="<<sum<<endl;
}
```

运行结果为：

```
sum=5050
```

2.4.5 do…while 语句

do…while 语句的格式如下。

```
do
  循环体
while(表达式);
```

其中，表达式可以是C++中任意的合法表达式，循环体要求是一条语句，若需要多条语句时，需要使用复合语句。需要注意的是：while 表达式后面的分号是必不可少的。do…while 语句的具体执行过程如下。

（1）进入循环开始执行循环体。

（2）计算表达式，若表达式结果为非0，则执行步骤（1），否则执行步骤（3）。

（3）退出循环，执行循环以后的后续语句。

【例 2-30】 用 do…while 循环结构实现 1+2+3+…+100 的和。

```
#include <iostream.h>
void main()
{
  inti=0,sum=0;
  do
  {
    sum+=i;
    ++i;
   }while(i<=100);
   cout<<"sum="<<sum<<endl;
}
```

运行结果为：

```
sum=5050
```

【例 2-31】 制作一个小游戏，要求：系统自动生成0～50之间的随机数 x，用户去猜其具体的数值。其中，若用户猜的数值大于该数，则提示大于该数；若用户猜的数值小于该数，则提示小于该数。

```
#include <iostream.h>
#include <stdlib.h>
void main()
{ int min=0,max=50;
  int x,y;
  x=rand()%50;
  cout<<"系统已经生成随机数(0~50),请您输入您猜测的数据:";
  do
  {
    cin>>y;
    if(y>x)
```

```
        { max=y;
          cout<<"当前数值范围为:"<<min<<"--"<<max<<endl;}
      else if(y<x)
        { min=y;
          cout<<"当前数值范围为:"<<min<<"--"<<max<<endl;}
      else
          cout<<"您猜对了,您非常棒!"<<endl;
    }while(true);
}
```

运行结果为：

```
系统已经生成随机数(0~50),请您输入您猜测的数据:20
当前数值范围为:20—50
35
当前数值范围为:35—50
40
当前数值范围为:40—50
41
您猜对了,您非常棒!
```

2.4.6 for 语句

for 语句的格式如下。

```
for(表达式 1;表达式 2;表达式 3)
  循环体
```

其中，表达式 1、表达式 2 和表达式 3 可以是 C++任意的合法的表达式，这 3 个表达式均可以省略，但是分号不允许省略；循环体原则上要求是一条语句，若需要多条语句实现功能时需要采用复合语句。for 语句的具体执行过程如下。

(1) 计算表达式 1。

(2) 计算表达式 2，若表达式 2 的结果为非 0，则执行步骤(3)，否则转向步骤(4)。

(3) 执行语句，计算表达式 3，跳转至步骤(2)。

(4) 结束循环，执行 for 语句的后续语句。

【例 2-32】 输出所有的“水仙花数”。所谓“水仙花数”是指一个三位数，其各位数字的立方和等于该数本身(例如，$1^3+5^3+3^3=153$，153 是水仙花数)。

```
#include <iostream.h>
void main()
{
 int i,j,k,n;
 cout<<"水仙花数有:";
 for(n=100;n<1000;n++)
  {
   i=n/100;
   j=n/10-i*10;
   k=n%10;
   if(n==i*i*i+j*j*j+k*k*k)
```

```
        cout<<n<<" ";
    }
   cout<<endl;
}
```

运行结果为：

```
水仙花数有:153 370 371 407
```

do…while 语句、for 语句和 while 语句都是循环语句，它们之间在某些条件下是可以通用的。下面对 3 种循环语句进行简单比较。

(1) for 和 while 语句都是先判断循环条件，循环体有可能会执行若干次，也可能一次都不执行。而 do…while 语句是先执行循环体，后判断循环条件，所以循环体至少要执行一次。因此，对于至少要执行一次循环的程序段，需要使用 do…while 语句，而对于其他的循环结构的程序段，可以使用 for 和 while 语句。

(2) 由于 for 语句有 3 个表达式，可分别用于循环变量初始化、循环结束条件和循环控制变量的更新，所以用起来更加清晰、明了，使用得也较多。其次是 while 语句，而 do…while 语句相对于前两种语句来说使用得相对较少一些。

(3) 由于循环的内嵌语句可以使用 C++语句中的任意合法语句，因此，循环语句的内嵌语句也可以是一个循环语句，这种情况可形成循环的嵌套。

【例 2-33】 若一个数恰好等于它的因子之和，则这个数称为完数。编写程序输出 100 以内的所有完数(例如，1+2+3=6，而 1、2、3 是 6 的因子，所以说 6 是完数)。

```
#include <iostream.h>
void main()
{
 int i,j,s;
 for(i=2;i<=100;i++)
   {
   s=0;
   for(j=1;j<i;j++)
     if(i%j==0)
       s+=j;
   if(s==i)
     cout<<i<<"是完数。"<<end;
   }
}
```

运行结果为：

```
6 是完数。
28 是完数。
```

【例 2-34】 求 10 个学生高数课程的平均分。

```
#include <iostream.h>
void main()
{
 inti;
 float sum=0,ave,score[10];
 cout<<"请输入 10 个学生的高数成绩:";
```

```
    for(i=0;i<10;i++)
        cin>>score[i];
    for(i=0;i<10;i++)
        sum+=score[i];
    ave=sum/10;
    cout<<"这 10 个学生高数课程的平均分为:"<<ave<<endl;
}
```

运行结果请读者自行分析。

【例 2-35】 break 和 continue 语句的应用案例。

```
#include <iostream.h>
void main()
{ int i,x=1,y=0;
  for(i=0;i<5;i++)
   { x+=2;
     if(x>5)
      {cout<<"**x="<<x<<"y="<<y<<endl;
       continue;
      }
     y=x+5;
    cout<<"x="<<x<<"y="<<y<<endl;
   }
}
```

运行结果为:

```
x=3 y=8
x=5 y=10
**x=7 y=10
**x=9 y=10
**x=11 y=10
```

若将上例中的 continue 语句改成 break 语句，则运行结果为:

```
x=3 y=8
x=5 y=10
```

本章小结

程序其实就是代码序列的一个集合体，程序中的代码定义是有规则的。本章从标识符的定义开始，先通过简单的标识符定义、分类等介绍了程序的最基本的组成单位，接着从数据的基本类型入手，详细介绍了几种常用的数据类型及对应的表达式，在表达式中主要介绍了运算符的运算优先级、结合性及运算时的一些特殊要求。最后介绍了三种基本程序设计结构：顺序结构、分支结构和循环结构。

习　题　2

一、选择题

1. 下列(　　)是语句。

A. ； B. a＝10 C. x＋y D. cout＜＜"\n"

2. 若变量已正确定义，有以下程序段：

```
int a=4,b=5,c=6;
if(a>b)
  a=b;c=a;
if(c!=a)
  c=b;
cout<<a<<","<<b<<","<<c<<endl;
```

其输出结果为(   )。

A. 程序段有语法错误 B. 4,5,4

C. 4,5,5 D. 4,5,6

3. 有如下程序：

```
#include <iostream.h>
void main()
{
 int x=1,a=0,b=0;
 switch(x)
 {
  case 0:b++;
  case 1:a++;
  case 2:a++;b++;
 }
cout<<"a="<<a<<,b="<<b<<endl;
}
```

该程序的输出结果为(   )。

A. a＝2,b＝1 B. a＝1,b＝1 C. a＝1,b＝0 D. a＝2,b＝2

4. 若变量已正确定义，有以下程序段：

```
int i=0;
do
  {cout<<i<<",";}
while(i++);
cout<<i;
```

其输出结果为(   )。

A. 0,0 B. 0,1 C. 1,1 D. 程序进入无限循环

5. 当执行以下程序段时(   )。

```
x=-1;
do(x=x*x;)while(!x);
```

A. 循环体将执行一次 B. 循环体将执行两次

C. 循环体将执行无限次 D. 系统将提示有语法错误

6. 执行语句：for(i＝1;i＋＋＜4;)后，变量 i 的值是(   )。

A. 3 B. 4 C. 5 D. 不定

7. 以下叙述中正确的是(   )。

A. break 语句只能用于 switch 语句体中

B. continue 语句的作用是使程序的执行流程跳出包含它的所有循环

C. break 语句只能用在循环体内和 switch 语句体内

D. 在循环体内使用 break 语句和 continue 语句的作用相同

8. 有以下程序：

```
#include <iostream.h>
void main()
{
 int i=0,s=0;
 for(;;)
  {  if(i==3||i==5) continue;
     if(i==6)break;
     i++;
     s+=i;
  }
 cout<<s;
}
```

程序的运行结果为(　　)。

A. 10　　B. 13　　C. 21　　D. 程序进入死循环

9. 当说明一个结构变量时系统分配给它的内存是(　　)。

A. 各成员所需内存量的总和

B. 结构中第一个成员所需内存量

C. 成员中占内存量最大者所需的容量

D. 结构体中最后一个成员所需内存量

10. 已知学生记录描述如下。

```
struct student
{
  int no;
  char name[10];
  char sex;
  struct
   {
    int year;
    int month;
    int day;
   }birth;
};
struct student s;
```

设变量 s 中的"生日"应是"1985 年 10 月 10 日",下列对"生日"的正确赋值方式是(　　)。

A. year=1985; month=10; day=10;

B. birth. year=1985; birth. month=10; birth. day=10;

C. s. year=1985 s. month=10; s. day=10;

D. s. birth. year=1985; s. birth. month=10; s. birth. day=10;

11. 下面选项中等价的是(　　)。

A. int a[2][3]={1,0,2,2,4,5}与 int a[2][]={1,0,2,2,4,5};

B. int a[][3]={1,0,2,2,4,5}与 int a[2][3]={1,0,2,2,4,5};

C. int a[2][3]={3,4,5}与 int a[][3]={3,4,5};

D. int a[2][3]={0,1}与 int a[2][3]={{0},{1}};

12. 下列数组的定义中,(　　)是错误的。

A. char a[]={'c','m','n'};

B. char b[5]="name";

C. char c[4]="your";

D. int array[]={1,2,3,4};

二、读程序写结果

1. 写出如下程序的运行结果。

```
#include <iostream.h>
void main()
{
 int a=1,b=2,c=3;
 if(c=a)  cout<<c;
 else cout<<b;
}
```

输出结果为:

2. 写出如下程序的运行结果。

```
#include <iostream.h>
void main()
{
 int a=3,b=4,c=5,d=2;
 if(a>b)
    if(b>c)
        cout<<d+++1;
 else
    cout<<++d+1;
 cout<<d<<endl;
}
```

输出的结果为:

3. 写出如下程序的运行结果。

```
#include <iostream.h>
void main()
{
  int i=1,j=0,m=1,n=2;
  switch(i++)
  {
    case 1:m++;n++;
    case 2:switch(++j)
        {
          case 1:m++;
          case 2:n++;
```

```
            }
         case 3:m++;n++;break;
         case 4:m++;n++;
       }
       cout<<m<<\","<<n<<endl;
    }
```

输出结果为：

4. 写出如下程序的运行结果。

```
#include <iostream.h>
void main()
{
  int i=0,s=0;
  do
  {
     if(i%2)  {i++;continue;}
     i++;
     s+=i;
  }while(i<7);
  cout<<s;
}
```

输出结果为：

5. 写出如下程序的运行结果。

```
#include <iostream.h>
void main()
{
  int  i,j,m=55;
  for(i=1;i<=3;i++)
  for(j=3;j<=I;j++) m=m%j;
  cout<<m;
}
```

输出结果为：

三、编写程序

1. 编写程序判断输入的年份是否为闰年，采用 if…else 嵌套结构来实现。

闰年的条件是符合下列两个条件之一：①能被 4 整除，但不能被 100 整除；②能被 400 整除。

2. 求 s＝a＋aa＋aaa＋aaaa＋…＋aa…a(n 个 a)，其中 a 是一位整数。要求：a 和 n 由键盘输入。

3. 某工厂生产汽车，1 月份生产 2 辆汽车，2 月份生产的汽车数量是 1 月份产量减去半辆，再翻一番，3 月份生产的汽车数量是 2 月份产量减去半辆，再翻一番。如此下去，求全年生产汽车的总量。

4. 输入 n×n 矩阵中每个元素的值，求出两条对角线元素值之和。

5. 用筛选法求 100 以内的素数。所谓“筛选法”是指逐个判断 1 到 100 内的每一个整数，找出一个非素数就把它删除，最后剩下的都是素数。

第3章 函数

如果通过编写程序来解决一个复杂的问题，通常的做法是将这个复杂的问题按其功能进行分解，将其分解为若干个较为简单的子问题，每个子问题通过定义一个函数来解决。如果子问题还不够简单，则继续按功能分解下去，直到所有子问题都能解决为止。这就是"自顶向下、逐步求精"的模块化程序设计方法。由此可见，函数是模块化程序设计的基础，定义和使用函数是十分重要的。通过定义函数的方式将程序划分成若干模块，使程序简洁、美观，同时也能够提高代码的重用率，以及扩充程序的功能。

C++程序实际上就是一个函数的集合，函数是C++程序的基本模块之一，每个C++程序有且仅有一个main函数，其余的函数为库函数或用户自定义函数。main函数是C++程序执行的起点，通常仅由系统调用，其他函数由main函数来调用，或者是各函数之间互相调用。在C++语言中规定所有函数必须先声明后使用。

库函数是C++编译系统、操作系统或其他系统为方便用户进行程序设计而预先定义的函数。库函数按其功能分类，并存放在不同的库文件中，当用户需要使用某个库函数时，事先通过编译预处理命令将该函数存放的库文件包含进来。例如，sqrt函数存放在math.h头文件中。

由于不同的C++编译系统提供的库函数差异较大，影响了标准C++程序的可移植性，因此，有一部分常用库函数也被纳入C++标准，称为C++标准库函数，如数学库函数、输入/输出库函数、字符串库函数等。标准库函数有以下优点。

(1) 正确性：编译系统通常会保证标准库函数的正确性。

(2) 高效性：编译系统提供了一套高效的标准库函数，在竞争中占有优势。

(3) 可移植性：在任何计算机中，对于任何编译系统来说，标准库函数都有相同的功能。

用户自定义函数是进行程序设计时用户为完成某一个功能而自己定义的函数。可按照其是否包含参数，将函数分为有参函数和无参函数。有参函数是指该函数在定义时至少包含有一个参数，如add(int,int)。无参函数是指该函数在定义时不含任何参数，如库函数rand。

3.1 函数的定义和声明

C++语言的函数都需要先声明后使用，函数声明分为定义性声明和原型声明两种。函数的定义性声明就是函数的定义，函数的定义是并列的、平行的，即在一个函数定义体内不允许再定义另一个函数。函数定义后，可在程序中通过函数调用来多次使用。

3.1.1 函数的定义

函数根据其是否带有参数分为无参函数和有参函数，下面分别介绍这两种类型的函数定义。

1. 无参函数的定义

无参函数的定义格式如下。

```
[函数返回值类型]  函数名()
{
  ……                        //函数体
}
```

其格式的说明如下。

(1) 函数返回值类型是指该函数运行结果的数据类型,可以是基本数据类型,也可以是用户自定义数据类型。若函数没有返回值,则该处应用 void 标识;若省略函数返回值类型,则说明函数运行的结果为 int 类型或者是 char 类型。

(2) 函数名用来标识不同的函数,函数名用合法的 C++标识符来定义,应尽可能做到"见名知意"。

(3) 函数名实质上也代表着函数在内存中的地址,它是一个地址常量。

(4) 函数名后的圆括号内没有参数的信息,也就是为空,但是圆括号是不能省略的。

(5) 函数体用一对花括号括起来,由一组语句组成,用于实现函数的功能。函数体为空的函数称为空函数,在某些特殊场合可定义空函数。

函数的结束标志有以下两种。

(1) "}"表示函数体的结束。

(2) return 语句表示所在函数的结束。

return 语句的格式如下。

```
return [表达式];
```

在函数体内,当执行到该语句时,先计算表达式的值,再将该值转换成该函数的返回值类型,然后作为函数的返回值,结束函数的执行。若 return 语句后无表达式,说明该函数的返回值为空,则函数返回值类型用 void 表示。一个函数中可以有多个 return 语句,但是在函数中最终只能执行一个 return 语句。

【例 3-1】 无参函数定义的应用案例。要求输出一个矩形框图。

```
#include <iostream.h>
fun()
{
 cout<<"* * * * * * * **   "<<endl;
 cout<<'*'<<"          "<<'*'<<endl;
 cout<<'*'<<"          "<<'*'<<endl;
 cout<<'*'<<"          "<<'*'<<endl;
 cout<<"* * * * * * * **   "<<endl;
}
```

运行结果为:

```
* * * * * * * **
*             *
*             *
*             *
* * * * * * * **
```

2. 有参函数的定义

有参函数的定义格式如下。

```
[函数返回值类型] 函数名(参数类型 参数名 1,参数类型 参数名 2,……)
{
  ……                    //函数体
}
```

其中,圆括号中的参数称为参数列表,参数类型可以是基本数据类型,也可以是用户自定义类型,参数名只要是合法的标识符即可。一个函数的参数列表中可以包含多个参数,参数之间由逗号(“,”)隔开,每个参数的类型需要分别说明,这一点和变量的定义不同(变量定义时同类型变量可以只声明一次,然后定义多个同类型的变量)。参数名就是变量名,也称为形式参数,简称形参。

【例 3-2】 带参数函数定义的应用案例。要求:编写一个函数来检验输入的一个字符是大写字母还是小写字母,或者非 26 个英文字母。

```
fun(char ch)        //定义一个形参,类型为 char;函数返回值为 int,可以省略
{
 int i;
 if((ch>='a') && (ch<='z'))
    i=1;
 else if((ch>='A' &&(ch<='Z')
    i=2;
 else
    i=3;
 return i;
}
```

【例 3-3】 函数定义应用案例。三个函数均实现求两个整数的积,但在实现过程中有着细微的差别。

```
void mul1(int a,int b)
 {
  int c;
  c=a*b;
  cout<<"c="<<c<<endl;
 }
int mul2(int x,int y)   //此处修改为 mul2(int x,int y)也是正确的
{
  int z;
  z=x*y;
  return z;
}
void mul3(int m,int n)
{
  int k;
  k=m*n;
  cout<<"k="<<k<<endl;
  return;
}
```

3.1.2 函数的声明

函数原型声明简称为函数原型，是函数声明的一种形式，它概括了函数的全部调用特征，包括函数的名字、返回值类型、形参的个数和类型等。函数原型声明的格式如下。

```
[函数返回值类型] 函数名(形参类型详细说明列表);
```

或者

```
[函数返回值类型] 函数名(形参类型说明列表);
```

例如：

```
fun(char ch);
```

或者

```
fun(char);
```

一个函数的函数原型应该出现在该函数调用之前，通常放在文件中所有函数定义之前，或者放在函数调用语句所在函数的函数体前部。函数原型在程序中出现的次数没有限制。如果函数定义在函数调用语句之前，则不必进行函数声明，因为函数定义本身就是一种函数声明。

1. 预定义库函数的原型声明

对于库函数来说，通常其源代码已经编译成机器码，无法向用户提供其函数的定义性说明。若用户要使用库函数，则只能先对库函数进行函数原型声明。通常，库函数的机器码保存在库文件中，对于普通用户来说，只需要关心库函数所在的库文件即可。

【例 3-4】 库函数的应用案例。

```
#include <iostream.h>
#include <math.h>
void main()
{
  int x;
  float y;
  cin>>x;
  y=sqrt(x);
  cout<<"y="<<y<<endl;
}
```

运行结果为：

```
25
y=5
```

2. 自定义函数的声明

从语法上来说，只有定义在后、调用在前的自定义函数才必须进行函数声明。但从实际编程上来说，对所有自定义函数都进行函数声明也是一项比较明智的选择。其主要原因包括以下几点。

(1)“自顶向下，逐步求精”的模块化程序设计方法使C＋＋程序员通常习惯于把 main 函数作为源程序中的第一个函数，接着再实现其他函数。这样，对定义在后、调用在前的其他函数必须进行函数原型声明。

(2) 若一个项目包含许多自定义函数，那么明确地确定它们的定义顺序是一件费时费力的事情。这时，对所有自定义函数都进行函数声明可以适当地节约时间和精力。

(3) 若多个函数的调用是交叉的，则无法安排这些函数的定义顺序。此时，不得不对这些函数进行函数声明。

(4) 一个大的项目通常由多人、使用多个文件同时编程，含有大量的自定义函数。此时，必须将这些函数的函数原型声明单独存放在某个头文件中，供编程时包含或共享。

(5) 若希望编译系统对函数调用做严格的语法检查，也需要对函数先进行原型声明。

使用函数声明的优点如下。

(1) 便于使用库函数。

(2) 便于将 main 函数作为源程序中的第一个函数。

(3) 避免确定函数定义的顺序。

(4) 便于程序的多文件组织。

(5) 便于编译器通过函数原型来检查函数调用的正确性。

【例 3-5】 自定义函数声明的应用案例。

```
#include <iostream.h>
int fun(int);              //函数原型声明
void main()
{
 int a=2,i;
 for(i=0;i<5;i++)
    cout<<fun(a)<<" ";         //函数调用，下一节详细介绍
  cout<<endl;
}
int fun(int a)
{
  int b=0,c=3;
  b++;
  c++;
  return (a+b+c);
}
```

运行结果为：

```
7 7 7 7 7
```

上述程序的第二行函数声明，也可以按下述方法实现。

```
void main()
  {int a=2,i,fun(int);      //在调用前进行声明即可
  ……
  }
```

3.2 函数调用

在 C++语言中，定义函数的目的是为了使用函数，函数的使用主要是通过函数之间的调用来实现。而在 C++程序中任意函数都通过 main 函数直接或间接调用来执行，而 main 函数通常由操作系统来调用。调用一个函数就是使程序转去执行该函数的函数体。调用者称为主调函数，被调用者称为被调函数。

无参函数的调用格式如下。

```
函数名();
```

有参函数的调用格式如下。

```
函数名(实际参数列表);
```

其中，函数名是用户自定义的函数名或系统预定义的函数名。实际参数表简称实参表，是一个表达式列表，多个实参之间用逗号(“,”)隔开。实参表应与该函数定义时的形参表一一对应，做到类型匹配且数量一致。若实参与形参的类型不同但匹配，则系统自动将实参的类型转换成对应形参的类型。

函数有返回值时，函数调用可以出现在表达式中，并使执行函数体后返回的值参与表达式的运算，或者把返回的值赋给一个变量。例如：

```
double d=3+sqrt(3);
```

函数调用也可以通过函数调用语句来实现，即在函数调用后加一个分号，构成函数调用语句。对于无返回值的函数，函数调用只能通过函数调用语句来实现。例如：

```
show();
```

调用函数时，先计算每个实参的值，将实参的值赋给被调用函数的对应形参，然后再执行被调用函数的函数体。执行函数体时，顺序执行各语句，直到遇到 return 语句或表示函数体结束的右花括号为止，返回调用程序。

当在一个函数的运行期间调用另一个函数时，在运行被调用函数之前，系统需要完成以下 3 项操作。

(1) 将所有的实参、返回地址等信息传递给被调用函数保存。

(2) 为被调用函数的局部变量分配存储区。

(3) 将程序转移到被调函数的入口。

而从被调用函数返回调用函数之前，系统也应完成以下 3 项操作。

(1) 保存被调用函数的计算结果。

(2) 释放被调用函数的数据区。

(3) 依照被调用函数保存的返回地址将程序转移到调用函数。

当有多个函数构成嵌套调用时，按照后调用先返回的原则来处理。其函数调用过程如图 3-1 所示。

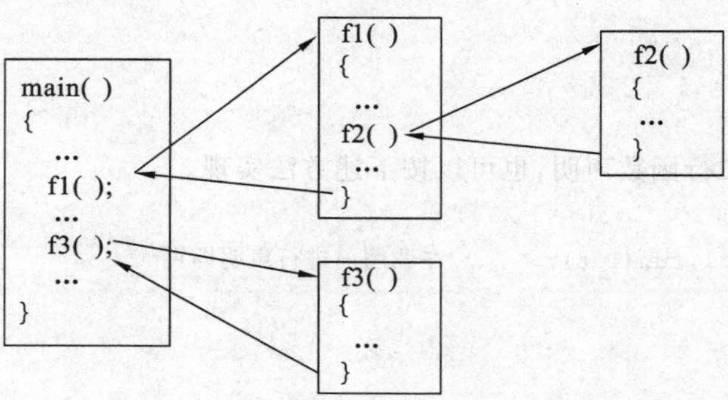

图 3-1　函数调用示意图

注意：(1) 调用函数时，系统为形参分配相应的存储单元，用于接收实参传递的数据。函数调用期间，形参和实参各自拥有独立的存储单元。函数调用结束后，系统回收分配给形参的存储单元。

(2) 若函数的形参为普通变量，则调用该函数时，实参应为表达式，实参给形参赋值，这种参数传递方式为值传递(传值)。以值传递方式调用函数称为函数的传值调用。值传递是单向传值，即实参值赋给形参后，形参值在函数中的变化对实参值无任何影响。

函数调用时,实参向形参传递参数的方式有以下 3 种。

(1) 值传递:也称为传值。

- 形式:形参为普通变量,实参为表达式,实参向形参赋值。
- 特点:参数传递后,实参和形参不再有任何联系。

注意:实参是表达式,故形参不可能给实参赋值。

(2) 指针传递:也称为传指针。

- 形式:形参为指针变量,实参为指针表达式。
- 特点:参数传递后,形参可读/写实参所指向的存储空间。

(3) 引用传递:也称为传引用。

- 形式:形参为引用型变量,实参为变量,实参为引用型形参初始化。
- 特点:参数传递后,形参是实参的别名,彼此关联。

【例 3-6】 函数的调用应用案例。

```
#include <iostream.h>
void mul1(int a,int b)
{
  int c;
  c=a*b;
  cout<<"c="<<c<<endl;
}
int mul2(int x,int y)
{
  int z;
  z=x*y;
  return z;
}
void mul3(int m,int n)
{
  int k;
  k=m*n;
  cout<<"k="<<k<<endl;
  return;
}
void main()
{
  int x1,x2,resu;
  cout<<"请输入两个数值分别给 x1 和 x2:";
  cin>>x1>>x2;
  cout<<"调用 mul1 的结果为:";
  mul1(x1,x2);
```

```
    resu=mul2(x1,x2);
    cout<<"调用 mul2 的结果为:";
    cout<<resu<<endl;
    cout<<"调用 mul3 的结果为:";
    mul3(x1,x2);
}
```

运行结果为：

```
请输入两个数值分别给 x1 和 x2:12 13
调用 mul1 的结果为:c=156
调用 mul2 的结果为:156
调用 mul3 的结果为:k=156
```

【例 3-7】 编写程序实现 1！＋2！＋3！＋…＋n!

```
#include <iostream.h>
int fac(int);
int cal(int);
void main()
{
    int n;
    cout<<"请输入一个数:";
    cin>>n;
    cout<<cal(n)<<endl;
}
int fac(int x)
{
    inti,t=1;
  for(i=1;i<=x;i++)
     t*=i;
  return t;
}
int cal(int x)
{
  inti,sum=0;
  for(i=1;i<=x;i++)
    sum+=fac(i);
  return sum;
}
```


运行结果为：

```
请输入一个数:5
153
```

3.3 变量的作用域

一个变量能被使用的程序范围，称为变量的作用域，简称作用域。一个变量只有在其作用域内才能被程序代码所访问。对 C＋＋语言的作用域进行粗略划分，可分为局部作用域和全局作用域；若进行细分，可分为块作用域、文件作用域、函数原型作用域、函数作用域、类作用域和命名空间作用域等。其中，文件作用域和命名空间作用域内说明的变量，其作用域还可以进行扩充。

3.3.1 块作用域

块是程序中用花括号括起来的代码，如复合语句和函数体等。块内说明的标识符具有块作用域或局部作用域，其作用域起始于说明位置，终止于所在块结束的位置。

（1）函数的形参具有块作用域，起始于函数定义的左花括号，终止于函数定义结束的右花括号。例如：

```
void fn(int x)            //块作用域  ─┬─
{                                      │
    float y=2;                         ↓
    { int  a,b;                    x的作用范围
      a=x;                             ↑
      b=y;                             │
    }                                 ─┴─
}
```

函数形参、函数内和块内定义的变量称为局部变量。函数形参和函数内定义的局部变量，在函数调用时由系统在栈内分配存储单元，在函数调用结束时由系统回收存储单元；块内定义的局部变量，其内存分配和回收与函数内定义的局部变量类似。

（2）标准C++语言中规定，for语句中说明的变量具有块作用域，仅作用于for语句。例如：

```
for(int i=1;i<10;i++)  } 变量 i 的作用范围
    sum+=i;            }
cout<<sum;
```

（3）在同一个作用域内部不允许标识符重名，但在不同的作用域内允许标识符重名。当不同的作用域出现重叠时，可能出现不同作用域内的标识符在重叠区域重名的问题。例如：

```
void fun()
{
①  int i=1;j;
    {j=i+1;
     cout<<i<<","<<j<<endl;
②   int i=3;                        //定义了一个新的变量 i
     j=i+1;                          //使用的是语句②定义的变量 i
     cout<<i<<","<<j<<endl;          //输出的是语句②中定义的变量 i 的值
    }
  cout<<i<<","<<j<<endl;             //输出的是语句①中定义的变量 i 的值
}
```

运行结果为：

```
1,2
3,4
1,4
```

3.3.2 文件作用域

在块作用域、类作用域和命名空间作用域之外声明的标识符具有文件作用域。文件作用域内说明的标识符，其作用域起始于声明处，终止于所在文件结束处。若有必要，文件作用域内声明的标识符，其作用域还可进行对外扩充。

1. 全局函数、外部函数和内部函数

具有文件作用域的函数称为全局函数。全局函数使用在前、定义在后时，要在使用前对它进行函数原型声明。其实，函数原型声明就是对全局函数作用域的扩充。

默认情况下，全局函数不仅能在本源程序文件内使用，而且还可以在其他源程序文件中使用，因此全局函数也称为外部函数。定义外部函数时，在函数的类型名前可加修饰词 extern，通常可省略。例如：

```
extern int fn(int x)
  { return x;}
```

等价于

```
int fn(int x)
  { return x;}
```

一个程序可能由多个源程序文件组成，为了避免不同文件中全局函数的重名冲突，对于仅在本源程序文件内定义和使用的函数应定义为内部函数。所谓内部函数就是在函数定义时，用 static 修饰函数的类型。例如：

```
static void fn()
{……}
```

2. 全局变量

具有文件作用域的变量称为全局变量。全局变量使用在前、定义在后时，要先用 extern 对全局变量进行外部声明。当块作用域与文件作用域重叠区域时，若有标识符重名，则在块作用域内的“本地”标识符优先，但在块作用域内可通过作用域运算符“::”来使用与局部标识符同名的全局标识符。全局变量在函数外部也可以被访问，并在程序的每个函数中都是可见的。全局变量存放在内存的全局数据区。全局变量由编译器建立，若没有指定一个确定的初始化值，系统会默认初始化为 0。例如：

```
int x=3;            //全局变量
void main()
{
    int y=x;
    …
}
void fun()
{
  int z;
  cin>>z;
  x=z;
  …
}
```

变量 x 在所有函数的外部定义，同时其初始化为数值 3。main 函数中使用变量 x，fun

函数中也使用变量 z 的值来修改变量 x 的值，两个函数都访问了同一个内存区域。这样定义的全局变量在所有函数中都可见，若其中一个函数修改了 x 的值，则其他所有函数都会看到修改后的新值。

全局变量在主函数 main 函数运行之前就已经存在了，所以在主函数中是可以访问变量 x 的。通常情况下，全局变量的定义位于程序的顶部。全局变量一旦定义以后就在程序的任何地方可见。当然全局变量也不是必须在所有程序的最顶部定义，它可以在源程序的任何地方定义，但是必须是在函数外。全局变量在定义之前所有的函数都不会知道其存在。例如：

```
void main()
{
    int y=x;          //变量 x 无定义
    ……;
}
int x=3;              //全局变量
void fun()
{
  int z;
  cin>>z;
  x=z;
}
```

3.3.3 函数原型作用域

函数原型作用域是指在函数原型声明时，形参名所具有的作用域。函数原型声明时形参名的作用域始于其声明的开始处，止于其声明的结束处。正因为如此，在函数原型中声明的形参名可以与函数定义中声明的形参名不同。由于所声明的形参名与该函数的定义及调用无关，所以可以在函数原型声明中只进行参数的类型声明，而省略参数名。例如：

```
float fn(float a,float b)
  {return a+b;}
float fn(float a,float b);
```

或者

```
float fn(float,float);
```

3.3.4 函数作用域

函数作用域是指在函数内定义的标识符在其定义的函数内均有效。在 C++语言中，只有标号具有函数作用域，即在一个函数中定义的标号，在其整个函数内均可以引用。所以在同一个函数内不允许标号同名，而在不同的函数内允许标号同名。正是由于标号具有函数作用域，所以不允许在一个函数内用 goto 语句转移到另一个函数内的某一个语句去执行。

3.3.5 变量的存储类别

变量定义的完整格式如下。

```
[存储类型] 数据类型 变量名;
```

其中，存储类型包括：auto、static、register 和 extern。

1) auto(自动变量)

局部变量定义时使用 auto 关键字或者不使用任何关键字，则系统都会默认所定义的变量为自动类型，系统对自动变量动态分配存储空间，数据存储在动态的存储区中。

2) register(寄存器变量)

寄存器变量也属于自动变量，但是和 auto 有细微的差别：auto 变量存储在动态存储区中，而 register 说明的变量是通过编译程序将其值保留在 CPU 的寄存器中，因为寄存器的数目有限，所以在使用 register 变量时，不能定义太多，它的一大特点就是存取速度快。

3) static(静态变量)

静态变量分为静态局部变量和静态全局变量。静态局部变量的作用域虽然还是它所在的函数内部，但它并不随着函数的执行完毕而消失。也就是说静态存储区永久性的给静态局部变量分配一个存储单元，函数退出后下次再次进入该函数，静态局部变量仍然使用原来的存储单元，读取里面存放的数据继续使用。静态全局变量具有全局作用域，其占据着静态存储区，它与全局变量的区别是如果程序包含有多个文件的话，它仅作用于定义它的文件，不能将其作用域扩展到外部的文件中去。这样可以保证即使在两个不同的源文件中定义了相同的静态局部变量名，编译时也不会产生冲突，保证各为其政。

4) extern(全局变量)

全局变量一般存储在静态存储区，当全局变量遇到一些特殊情况时，就需要使用 extern 对变量的作用域进行扩充，主要包括以下几点。

(1) 在同一个文件中，全局变量定义在后、使用在前时，需要在使用之前用 extern 对该变量进行外部变量声明。

(2) 若多个文件的程序中都要引用同一个全局变量，则应该在任意一个文件中定义全局变量，而在非定义的文件中用 extern 对该变量进行全局变量声明。例如：

```
void main()
{extern x;      //x 的定义在后、引用在前，这里需要进行全局变量声明
  ……
  x=7;
  ……
}
int x;
void fun()
{
  ……
}
```


又如：

```
//file1.cpp
int x;
void main()
{
……
}
fun1()
{
```

```
//file2.cpp
extern x;   //进行外部变量声明
fun2()
{int m;
  m= x;
  ……
  }
```

```
    ……
}
```

3.4 特殊函数

3.4.1 递归函数

所谓递归函数就是自己调用自己的函数，这种调用可以是直接调用，也可以是间接调用。例如，求 n!的源程序如下。

```
long fun(int n)
{
  if(n==0|| n==0)
     return 1;
  else
     return fun(n-1)*n;        //函数自己直接调用自己
}
```

在函数定义时，我们曾经强调过函数定义是绝对不允许嵌套定义的，但是允许函数调用，其中特殊的函数调用就是自己调用自己。发生函数调用时，被调函数中保护了调用函数的运行环境和返回地址，使得调用函数的状态可以在被调函数运行返回后完全恢复，而且该状态与被调函数无关。递归的条件如下。

(1) 函数要直接或间接调用自身。

(2) 要有递归终止条件检查，即递归终止的条件被满足后，则不再调用自身函数。

(3) 如果不满足递归终止的条件，则调用涉及递归调用的表达式。在调用函数自身时，有关终止条件的参数要发生变化，而且需向着递归终止的方向变化。

【例 3-8】 汉诺塔问题是软件递归调用里面最经典的一个案例，下面通过编程实现。

汉诺塔问题：汉诺塔是根据一个传说形成的一个问题。有 A、B、C 三根杆子，A 杆上有 n 个(n>1)穿孔圆盘，盘的尺寸由下到上依次变小。要求按下列规则将所有圆盘移至 C 杆：一次只能移动一个圆盘；不管在哪根杆上，小圆盘必须在大圆盘的上面。提示：可将圆盘临时置于 B 杆，也可将从 A 杆移出的圆盘重新移回 A 杆，但都必须遵循上述两条规则。问：如何移动圆盘？最少要移动多少次？

```
#include<iostream.h>
int c=0;                                //全局变量，搬动次数
// 第 n 个圆盘从塔座 x 搬到塔座 z
void move(char x,int n,char z)
  {
  cout<<"第"<<++c<<"步：将"<<n<<"号盘从"<<x<<"移到"<<z<<endl;
  }
//将塔座 x 上按直径由小到大且自上而下编号为 1 至 n 的 n 个圆盘
void hanoi(int n,char x,char y,char z)
  {
   //按规则搬到塔座 z 上，y 可用做辅助塔座
   if(n==1)
```

```
    move(x,1,z);                    //将编号为 1 的圆盘从 x 移到 z
   else
   {
   hanoi(n-1,x,z,y);   // 将 x 上编号为 1 至 n-1 的圆盘移到 y,z 作辅助塔
   move(x,n,z);          // 将编号为 n 的圆盘从 x 移到 z
   hanoi(n-1,y,x,z);  //将 y 上编号为 1 至 n-1 的圆盘移到 z,x 作辅助塔
   }
}
void main()
{
int n;
cout<<"3 个塔座为 a、b、c,圆盘最初在 a 座,借助 b 座移到 c 座。请输入圆盘数:";
cin>>n;
hanoi(n,'a','b','c');
}
```

运行结果为:

递归的目的是简化程序的设计,使程序简单易读,但是递归增加了系统的开销。时间上,执行调用与返回的额外工作要占用 CPU 时间。空间上,每递归一次,栈内存就多占用一部分。非递归函数虽然效率高,但是编程较复杂,而且可读性也相对较差。程序设计的目标主要是可读性好,随着计算机硬件性能的不断提高,程序在更多的场合强调可读性,但是在使用递归函数时也需要根据具体情况具体分析。

3.4.2 内联函数

引入函数的概念,其主要目的首先是减少程序的目标代码,实现程序代码和数据的共享;其次是让使用者只关心函数的功能和用法,而不关心函数功能的具体实现,以减少使用者的负担。

但是在函数调用之前,需要使用栈空间来保护现场,记录当前指令的地址,以便在调用之后返回原位置继续执行。在函数调用结束后,系统还需要依据先前的记录来恢复现场,再继续执行后续语句。由此可见,函数的调用要花费一定的时间和空间,函数调用主要是以降低效率为代价的,特别是对于那些调用频繁,并且代码又不大的函数来讲,解决其效率问题更为重要。为此,在 C++语言中引入了内联函数的概念来解决此问题。内联函数又称为内嵌函数,它主要是用于解决程序的运行效率。

在程序编译时,编译系统将程序中出现的内联函数的调用表达式用该内联函数的函数体进行替换。这样处理虽然会增加目标代码量,但是不会产生由于函数调用而造成的来回处理的问题。定义内联函数的方法很简单,只要在函数头前加上关键字 inline 即可,函数本身的定义与一般函数一样。其格式如下。

```
inline 函数返回值类型 函数名(形式参数列表)
```

【例 3-9】 求出半径从 0.5~3.5(增量为 0.5)之间所有圆的面积。

```
#include <iostream.h>
#include <iomanip.h>
inline double area(double r);
void main()
{
 for(double r=0.5;r<=3.5;r+=0.5)
  { double  mianji=area(r);
   cout<<"r="<<setw(3)<<r<<",mianji="<<setw(6)<<mianji<<endl;
  }
}
inline double area(double r)
{
  return 3.14*r*r;
}
```

运行结果为：

```
r=0.5,mianji= 0.785
r=  1,mianji=  3.14
r=1.5,mianji= 7.065
r=  2,mianji= 12.56
r=2.5,mianji=19.625
r=  3,mianji= 28.26
r=3.5,mianji=38.465
```

内联函数与一般函数的区别主要是用替换代替了调用，从而可以提高效率，但是在使用内联函数时，函数体需要注意以下 4 个限制条件。

（1）在内联函数体中，不能含有复杂的结构控制语句（如循环语句、分支语句等），若函数体内含有这类语句则将函数按普通函数来处理。

（2）内联函数的函数体一般来说不宜过大，只适合 5 行以内的小函数。

（3）递归函数是不能被说明为内联函数的。

（4）内联函数在声明时必须有 inline 关键字，在定义内联函数时可以省略 inline 关键字。

【例 3-10】 内联函数的应用案例。

```
#include <iostream.h>
inline int isnumber(char);        //声明中必须用 inline
void main()
{
  char ch;
  cin>>ch;
  while(ch!='\n')
  {
    if(isnumber(ch))
      cout<<ch<<"is a digit."<<endl;
    else
      cout<<ch<<"isn't a digit."<<endl;
    cin>>ch;
    }
}
inline int isnumber(char)   //定义时可以有 inline 也可以没有 inline
```

```
{
  return (ch>0'0' &&ch<='9')?1:0;
}
```

运行结果为：

```
2sd4g1
2is a digit.
sisn't a digit.
disn't a digit.
4is a digit.
gisn't a digit.
1is a digit.
```

3.4.3 重载函数

1. 函数重载的原因

在C语言中，系统要求每个函数必须有一个唯一的名字。例如，要求两个数值的和，对于不同类型的数据，需要声明不同的名字的函数。例如：

```
int add1(int,int);
float add2(float,float);
double add3(double,double);
char add4(char,char);
```

这4个函数的功能是相同的，都是求两个数值之和。但是由于函数名字的不同，使用者需要明确记住哪个函数是对应求哪种类型的两个数值之和，无形中增加了使用者的负担。若4个函数能用同一个名称，这样使用起来就很方便了。

因此，在C++语言中引入了函数重载的概念，所谓函数重载就是指同一个函数名字对应着多个不同的函数实现。例如，上面的求两数之和的函数可以使用同一个名字，假设该函数名字为add，那么上述4个函数的声明就可以改为如下形式。

```
int add(int,int);
float add(float,float);
double add(double,double);
char add(char,char);
```

这4个函数称为重载函数。编译系统是如何从相同的函数名字中选择所对应的不同实现的呢？读者可以注意到这些重载函数虽然在功能实现上基本上差不多，但是实际上还是存在着一些不同之处的，系统就是根据这些不同之处来选择对应的函数。

2. 重载函数的声明和调用规则

在声明或调用一个重载函数时，必须遵守以下规则。

（1）在声明重载函数时，至少要在参数类型、参数个数或者是参数顺序上有所不同。仅在函数返回值类型上不同是不够的。例如：

```
int func(int,int);
float func(int,int);
```

这里两个函数同名，虽然函数返回值类型不同，但这两个函数不是重载函数。

（2）调用重载函数时，编译系统将实参类型与所有被调用的重载函数的形参类型一一比较。首先，查找一个严格匹配的，若找到了，就调用那个函数。其次，通过内部数据转换查找一个匹配的，若找到了就调用那个函数。最后，通过用户所定义的强制类型转换来查找一个匹配的，若找到了则调用那个函数。例如：

```
void fun(double);
void fun(int);
```

对于下列调用 fun 函数的匹配情况如下。

```
void example()
{
  fun(6);                //严格匹配 void fun(int);
  fun(3.56);             //严格匹配 void fun(double);
  fun('a');              //内部数据转换匹配 void fun(int);
  fun((int)3.45);        //强制类型转换匹配 void fun(int);
}
```

注意:(1) 使用重载函数时,不能使用类型定义 typedef 语句定义的类型名来区分重载函数的参数,因为 typedef 定义的类型是对已存在的类型取别名,而不会产生新的类型。例如:

```
typedef float real;
void fun(real)
   {……;}
void fun(float)
   {……;}
```

(2) 在定义重载函数时,不应让重载函数去执行不同的功能,同名函数就应该具有相同的功能。例如:

```
float fun(float x)
{
 return abs(x);
}

float fun(int x)
{
  return sqrt(x);
}
```

上面两个函数就不属于函数重载,因为函数功能不同。

3. 函数重载的应用

【例 3-11】 函数重载的应用案例。

```
#include <iostream.h>
#include <iomanip.h>
int abs(int a);
float abs(float a);
double abs(double a);
void  main()
 {
  int a =-5;
  float b =2.4;
  double c =-3e-9;
  cout<<"a="<<abs(a)<<endl;
```

```
    cout<<"b="<<abs(b)<<endl;
    cout<<"c="<<abs(c)<<endl;
  }
  int abs(int a)
  {
    cout<<"***int abs***\n";
    return (a>=0?a:-a);
  }
  float abs(float a)
  {
    cout<<"***float abs***\n";
    return (a>=0?a:-a);
  }
  double abs(double a)
  {
    cout<<"***double abs***\n";
    return (a>=0?a:-a);
  }
```

运行结果为：

```
***int abs***
a= 5
***float abs***
b= 2.4
***double abs***
c= 3e-009
```

3.4.4 带默认参数值的函数

一般情况下，在函数调用时形参需要从实参那里获取值，因此实参的个数应与形参个数相同。在某些特殊情况下，多次调用同一个函数时采用相同的实参值。在C++语言中提供了一个简单的办法：给形参定义一个默认值。例如：

```
float fun(int r=1);   //指定 r 的默认值为 1
```

若主调函数调用该函数时，没有实参，那么默认 r 的值为 1。例如，“fun();”就相当于“fun(1);”。

若不想让该函数使用默认值，则通过实参另行给出。例如，“fun(5);”r 也就获得实参值5。如果一个函数中有多个形参，则可以使每个形参都有一个默认值，也可以只对一部分形参指定默认值。例如：求圆柱体体积的函数中，形参 h 表示圆柱体的高，r 表示圆柱体底面半径，其函数原型如下。

```
float volume(float h,float r=3.5);  //只给形参 r 指定默认值 3.5
```

函数调用时可以采用如下形式。

```
volume(7.8);          //等价于 h 为 7.8,r 为 3.5
```

或者

```
volume(7.8,4.5);      //等价于 h 为 7.8,r 为 4.5
```

实参与形参的结合是从左往右的顺序进行的，因此指定默认值的参数必须放在形参列表中的最右端，也就是说默认值只能从右往左给出。例如：

```
void fun1(int a,int b,int c=1);        //OK
void fun2(int a,int b=1,int c);        //error
void fun3(int a,int b=1,int c=1);      //OK
void fun4(int a=1,int b=1,int c);      //error
void fun5 (int a=1,int b,int c=1);     //error
```

从形参的默认值得到值，利用这一特性，可以使函数的使用更加灵活。

【例 3-12】 求 2 个数或者 3 个数中的最大数。

```
#include <iostream.h>
int max(int a,int b,int c=0)
{
  if(b>a)
      a=b;
  if(c>a)
      a=c;
  return a;
}
void main()
{
   int a,b,c;
   cin>>a>>b>>c;
    cout<<"max(a,b,c)="<<max(a,b,c)<<endl;
    cout<<"max(a,b)="<<max(a,b)<<endl;
}
```

运行结果为：

```
24 -56 123
max(a,b,c)=123
max(a,b)=24
```

在使用带有默认参数的函数时，需要注意以下两点。

(1) 如果函数的定义在函数调用之前，则应在函数定义中给出默认值。如果函数定义在函数调用之后，则在函数调用之前需要有函数声明，此时必须在函数声明中给出默认值，在函数定义时可以不给出默认值。

(2) 一个函数不能既作为重载函数，又作为有默认参数的函数。因为当调用函数时如果少写一个参数，系统无法判定是利用重载函数还是利用默认参数的函数，容易出现二义性而无法执行。

本章小结

本章主要介绍了函数的定义格式以及定义过程中的特殊问题；函数声明的必要性和格式；函数的调用以及调用过程中的参数传递问题；变量的作用域；常用的特殊函数等知识点。通过本章的介绍，读者对于函数的整个定义、应用等有了详细的了解，为后续的程序开发奠定了良好的基础。

习 题 3

一、选择题

1. 以下正确的说法是(　　)。

A. 用户若需要调用标准函数,调用前必须重新定义

B. 用户可以直接调用所有标准库函数

C. 用户可以定义和标准库函数重名的函数,但是在使用时调用的是系统库函数

D. 用户可以通过文件包含命令将系统库函数包含到用户源文件中,然后调用系统库函数

2. 如果一个函数没有返回值,定义时它的函数类型应是(　　)。

A. 任意　　B. int　　C. void　　D. 无

3. 关于函数返回值的描述正确的是(　　)。

A. 函数返回表达式的类型一定与函数的类型相同

B. 函数返回值的类型决定了返回值表达式的类型

C. 当函数类型与返回值表达式类型不同时,将对返回值表达式的值进行类型转换

D. 函数返回值类型就是返回值表达式类型

4. 下列哪个不是重载函数在调用时选择的依据(　　)。

A. 参数类型　　B. 参数个数　　C. 函数类型　　D. 函数名

5. 在参数传递过程中,对形参和实参的要求是(　　)。

A. 函数定义时,形参一直占用存储空间

B. 实参可以是常量、变量或表达式

C. 形参可以是常量、变量或表达式

D. 形参和实参类型和个数都可以不同

6. 对于功能不太复杂的函数,为了加快执行速度时,选用(　　)可能是合适的。

A. 内联函数　　B. 重载函数　　C. 递归调用　　D. 嵌套调用

7. 关于函数的调用下面说法不正确的是(　　)。

A. 由于程序总是从主函数开始,所以函数的调用总是在主函数和其他函数之间进行

B. 函数的调用可以在任意函数之间进行,只要有需要

C. 一个函数可以自己调用自己

D. 函数返回时可以不带返回值,这时函数在定义时其返回值的类型用 void 表示

二、读程序写结果

1. 程序如下。

```
#include <iostream.h>
void fun();
void main()
{
  int i;
  for(i=0;i<5;i++)
    fun();
}
void fun()
{
```

```
    static int m=0;
    cout<<m++<<endl;
  }
```

运行结果为：

2. 程序如下。

```
  #include <iostream.h>
  #define M 20
  #define N 10
  #define L(r) r*r
  void main()
  {  cout<<L(M)<<endl;
     cout<<L(N+N)<<endl;
  }
```

运行结果为：

3. 程序如下。

```
  #include <iostream.h>
  ind add(int x,int y=8);
  void  main()
  {
  int  a=4;
  cout<<add(a)<<endl;
  cout<<add(a,add(a))<<endl;
  }
  int add(int x,int y)
  {
    return  x+y;
  }
```

运行结果为：

4. 程序如下。

```
  #include <iostream.h>
  #include <string.h>
  void fun(char string[]);
  void main()
  {
    char str[20]="this is a book";
    cout<<str<<endl;
    fun(str);
    cout<<str<<endl;
  }
  void fun(char string[])
  {
```

```
    int i;
    for(i=0;'i<strlen(string);i++)
  if(sring[i]>='a' &&string[i]<='z')
     string[i]-=32;
  }
```

运行结果为：

三、编写程序

1. 设计一个求圆面积的函数 area，它包含一个参数；再设计一个求矩形面积的函数 area，它包含两个参数。在主函数中调用它们来求矩形和圆的面积。

2. 猴子吃桃问题：猴子第一天摘了很多桃子，当即吃了一半又多吃一个，以后每天都吃前一天剩下的一半还多一个，到了第 10 天只剩下一个桃子，问猴子一共摘了多少个桃子？试编程解答。

3. 用内联函数实现输出三个数中的较大数。

4. 完善第 2 章中例 2-26，编程实现模拟 ATM 机的执行流程。要求实现以下功能：用户插卡时即显示待机界面，提示用户插入磁卡；密码验证用户身份的合法性，用户有 3 次机会；功能选择提示显示服务的种类；选择不同功能，从而完成不同的操作；查询余额；取款操作；退卡操作。

第4章 指针和引用

在C++语言中引入了指针和引用两个概念,极大方便了程序的设计。C++语言拥有在运行时可以获得变量的地址或操纵地址的能力,这种用于操纵地址的特殊类型变量就是指针。常用指针来表示数组元素,而且还可以使用引用作为函数参数实现引用调用。

4.1 指针

变量的值有两种:地址值和数据值。地址值是编译系统在内存中给某个变量分配的地址,而数据值则是在程序的运行过程中通过赋值所获取的。指针是C++语言中一种非常重要的数据类型,通过指针可以直接处理内存地址,更好地表示复杂的数据结构,实现内存的动态分配。指针变量与一般变量的区别是,它是用来存放某个变量的地址值,而不是数据值。也就是说,一般变量所表示的数据值是普通的数据值,而指针变量所表示的数据值则是某个变量的地址值。指针变量一旦存储了某个变量的地址,就称为指向该变量的指针变量。这也说明了指针变量在数值上与一般变量是不同的。

4.1.1 指针的定义

1. 指针类型

指针类型是它所指向的类型,而不是指针本身数据值的类型,因为任何指针变量本身的数据值类型都是无符号长整型。由于指针的类型是由它所指向的变量类型而定,所以指针所指向的变量类型不同,指针的类型也不同。例如,一个指针指向 int 型变量,该指针为 int 型;另一个指针指向 double 型变量,则该指针为 double 型。指针不仅可以指向各种类型的变量,而且还可以指向数组、函数和文件等,甚至还可以指向指针本身,指针的类型是非常丰富的。

2. 指针变量的定义

定义为指针类型的变量称为指针变量,定义指针变量与定义一般变量一样,也需要三个基本要素:变量名、变量类型和变量值。先要指出指针类型,确定指针变量的名字,并在指针变量名前加"*",以表示后面的名字为指针变量名。具体格式如下。

```
指针类型说明符 *指针变量名 1,*指针变量名 2,…;
```

指针变量名和一般变量名的要求相同,只要符合合法的标识符即可,但是在变量类型和变量值上有所不同。其特殊性就在于指针变量是用来保存地址值的。

指针变量定义的说明如下。

(1) 一次可以只定义一个指针变量,也可以一次定义多个同类型的指针变量。例如:

```
int *p1;
int *p1,*p2,x;
```

(2) "*"号可以靠近指针变量名,也可以靠近类型名或者两边都不靠。例如:

```
float  *p;
float* p;
float* p;
```

(3) 在指针变量定义中,一个“*”只能定义一个指针变量。例如:

```
double *p1,p2;      //p1为指针变量,p2为双精度浮点型普通变量
```

(4) 指针是变量,因此凡是可声明变量的地方就可以声明指针变量。

(5) 当定义一个指针变量后,与普通变量一样,系统将为该指针变量分配一个内存单元,但不同类型的指针变量所分配的内存单元大小都是相同的,因为类型不同的指针所存放的数据值都是内存地址值。

3. 指针变量的初始化

指针变量与一般变量一样,在定义时可以对其初始化,也可以不赋初值,等需要的时候再赋值,只是所赋的初值均为地址值。不同类型的变量的地址值表示方法有所不同。在C++语言中给指针变量初始化是取一般变量、数组元素、结构成员等的地址给指针变量赋值,取地址的运算符为“&”。例如:

```
int a[10],b;
int *p1=&b,p2;        //取变量b的地址值给指针变量p1赋值
```

4. 指针变量所指向的变量

例如:

```
int a=6;
int *pa=&a;    //定义指针变量pa,并将变量a的地址值赋给pa
```

上面第一条语句定义了一个int型变量a,并给它赋了初值,于是变量a就有了两个值:一个是该变量存储的数据值6;另一个是变量a在内存中分配的地址值,它可表示为&a。第二条语句定义了一个指针变量pa,它的基类型是int型的,它也被赋了初值,即变量a的地址值&a,于是指针变量pa便指向了变量a。指针变量pa也有两个值:一个是它在内存中所存放的数据值,即&a;另一个是系统为它分配的地址值,即&pa。在这种情况下,变量a就是指针变量pa所指向的变量,C++语言中用语句“*pa”来表示pa所指向的变量a。这里的“*”是取内容运算符,称为间接访问运算符,它的作用是表示取该指针所指向的变量的内容,所以*pa与a是等价的。因此,通过指针变量间接地访问它所指向的变量。例如:

```
*pa=10;
```

表示将指针pa所指向的变量的值改变为10,即与语句“a=10;”是等价的,如图4-1所示。

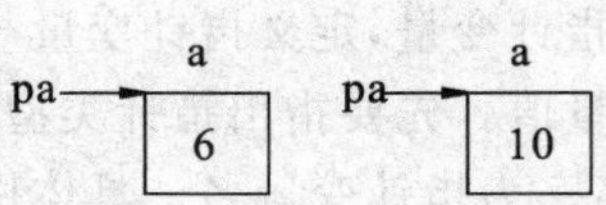

图4-1 指针变量指向变量的示意图

4.1.2 指针的应用

当定义了指针变量后,它就可以进行相关的运算。不过指针变量是一种特殊的变量,它能参与的运算是有限的,一般来说,指针允许参与的运算如下。

1) 加赋值、减赋值和赋值运算

对指针变量可以赋初值,也可以通过赋值语句给其赋值。例如:

```
int a,*pa=&a;
```

或者

```
int a,*pa;
pa=&a;
```

需要的时候，也可以将一个已被赋值的指针赋给另外一个同类型的指针。例如：

```
int a,*p1,*p2;
p1=&a;
p2=p1;
```

注意：(1) C++语言还可以给任何类型的指针变量赋一个相同的值，这个值就是系统提供的指针常量NULL，表示空指针，当然也可以用0(或'\0')表示。当一个指针变量暂时不用或需要置空时，为了安全起见，可以将其置为空值。

(2) 给指针变量所赋的值应该是它所指向类型变量的地址值，而不能是其他类型变量的地址值。也就是说，int型指针只能接收int型变量的地址值，而不能接收double型、float型变量的地址值，更不能接收一个某类型的常量数值。例如：

```
int a,*pa;
float b,*pb;
pa=&b        //error
pb=100;      //error
```

(3) 已定义的任何指针变量，在没有给其赋初值之前是绝对不能使用的，因为这样使用会导致系统出错或混乱。例如：

```
char str[10],*ps;
cin>>ps;     //ps没有确定的值，运行时会产生内存错误
```

正确的格式如下。

```
char str[10],*ps=str;
cin>>ps;
```

2) 加、减、自加、自减和比较运算

指针可以进行加、减、自加、自减和比较运算，但是需要在一定的条件下才可以进行。例如，指向同一个数组的两个不同指针可以相减，也可以相比较，这样的运算是有意义的。这样的两个指针相减是为了表明这两个指针所指向的数组元素之间间隔元素的个数。当一个指针指向一个数组的某个元素的位置处，就可以通过该指针的加或减来访问数组中的其他元素。自加、自减是指指针向前或向后移动一个数据的地址值。

【例 4-1】 指针运算的应用案例。

```
#include <iostream.h>
void main()
{
 float x[10]={1.0,2.0,3.0,4.0,5.0,6.0,7.0,8.0,9.0,10.0};
 float*p1,*p2;
 p1=&x[2];
 p2=&x[5];
 cout<<p2-p1<<endl;
 p1-=1;
 p2+=3;
 cout<<p2-p1<<endl;
}
```

运行结果为：

```
3
7
```

说明：后一个结果的得出是因为 p1 减 1 后将值赋给自身，当前 p1 指向的是 x[1]的地址；p2 加上 3 后将值赋给自身，当前 p2 指向的是 x[8]的地址。那么 p2－p1 就表示两个指针之间相隔 7 个数组元素。

3）间接访问运算与取地址运算

指针运算实际上是地址运算，但是指针运算又不同于地址运算。例如：

```
int a[10],*p=a;
```

因为一个数组的数组名是一个指向数组首元素的常量指针，也就是说数组名表示该数组在内存中首元素的地址，指针变量 p 的初始化也就是表明指针 p 指向了数组 a 的首元素，即 a 与 &a[0]等价。

p＋1 中的 1 不能理解为平常所说的数值 1，而是指一个数据类型所占的内存字节数。例如，一台 32 位机中整数类型占 4 个字节，因此，这时的加 1 就相当于 p 中存放的地址值加 4。如果原来 p 指向数组 a 的首元素地址，则 p＋1 则说明指向的是 a[1]元素的地址，如图 4-2 所示。

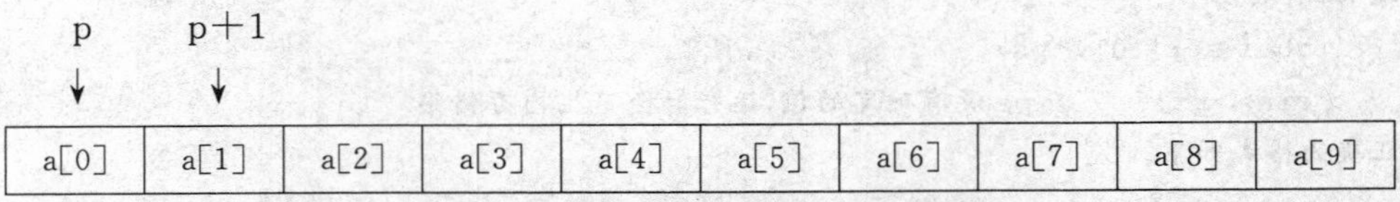

图 4-2　指针变量与数组元素之间关系示意图

“*”运算符作用在指针上，代表该指针所指向的存储单元（也就是值本身），从而实现间接访问，所以也称该运算符为间接访问运算符。间接访问运算符是单目运算符，结合性为右结合。

【例 4-2】　间接访问运算的应用案例。

```
#include <iostream.h>
void main()
{
  int x[10],*p;
  p=x;
  for(int i=0;i<10;i++)
    cin>>*(p+i);
  cout<<"the result is:"<<endl;
  for(int j=0;j<10;j++)
    cout<<x[j]<<" ";
    cout<<endl;
}
```

运行结果为：

```
1 2 3 4 5 6 7 8 9 10
the result is:
1 2 3 4 5 6 7 8 9 10
```

“&”是取地址运算符，主要用在变量的前面，运算结果是该变量的地址，该运算符是单目运算符，结合性为右结合。在前面的对指针赋值运算的内容中已涉及一些相关知识。

说明：间接访问运算符"*"和取地址运算符"&"是互逆运算。例如：

```
int x,*p;
x=5;
p=&x;
```

这里*(&x)等价于x，&(*p)等价于p。

4.1.3 堆内存分配

1. 堆内存

堆是内存空间。堆是区别栈区、全局数据区和代码区的另一个内存区域。堆允许程序在运行时而不是编译时，申请某个大小的内存空间。

在通常情况下，一旦定义了一个数组，那么不管这个数组是局部的还是全局的，它的大小在程序编译时都是已知的，因为必须用一个常数对数组的大小进行声明。例如：

```
int i=10;
intb[i];       //error
int b[10];     //OK
```

但是，在编写程序时不是总能事先就知道数组应该定义成多大，如果定义的数组元素多了就会浪费内存，定义的数组元素少了又不够使用，而且还有些时候根本就不知道需要使用多少个数组元素。因此，需要在程序运行时从系统中获取内存。程序在编译和连接时并不去确定这种在运行中获取的内存空间，内存需求随着程序的运行而时大时小，这种运行中申请的内存就是堆内存，所以堆内存是动态的，故也将堆内存称为动态内存。

2. 获得堆内存

malloc函数是C++语言中获得堆内存的一种方法，它在alloc.h头文件中声明。malloc函数原型如下。

```
void * malloc(unsigned long  size);
```

该函数从堆内存中划分一块size大小的内存，将指向所申请的内存空间首地址作为函数返回值返回，地址的类型为void，在具体应用时需要强制类型转换，并且在该内存中的内容是未知的。

【例4-3】 获取堆内存的应用案例。

```
#include <iostream.h>
#include <malloc.h>
void main()
{
  int arraysize;int count;
  int *arr;
  cout<<"请输入一个数值:";
  cin>>arraysize;
  arr=(int *)malloc(arraysize *sizeof(int));
  for(count=0;count<arraysize;count++)
      arr[count]=count+1;
```

```
    for(count=0;count<arraysize;count++)
        cout<<arr[count]<<"  ";
    cout<<endl;
}
```

运行结果为：

```
请输入一个数值:10
1 2 3 4 5 6 7 8 9 10
```

3. 释放堆内存

我们把堆看成是可以按要求进行分配的资源或内存池。程序对内存的需求量随时会增大或缩小。程序在运行中可能经常会不再需要由 malloc 函数分配的内存，而且程序还未运行结束，这时就需要把先前所占用的内存释放回堆以供程序的其他部分所用。free 函数用于返还由 malloc 函数分配的堆内存，其函数原型如下。

```
void free(void *);
```

free 函数是先前调用 malloc 函数时返回的地址。把其他值传给 free 函数很可能会造成灾难性的后果。

【例 4-4】 完善例题 4-3。

```
#include <iostream.h>
#include <malloc.h>
#include <stdlib.h>
void main()
{
    int arraysize,count;
    int *arr;
    cout<<"请输入一个数值:";
    cin>>arraysize;
    arr=(int *)malloc(arraysize *sizeof(int));
    if(arr==NULL)
      {
        cout<<"由于不能分配所需要的内存空间,现在终止运行.\n";
        exit(1);                //正常退出
      }
    for(count=0;count<arraysize;count++)
        arr[count]=count+1;
    for(count=0;count<arraysize;count++)
        cout<<arr[count]<<"  ";
    cout<<endl;
    free(arr);
}
```

运行结果为：

```
请输入一个数值:10
1 2 3 4 5 6 7 8 9 10
```

4. new 和 delete

new 和 delete 是 C++ 语言中专有的操作符，它们不需要头文件声明。new 类似于

malloc 函数分配堆内存，但比 malloc 函数更简练。new 的操作数为数据类型，它可以带初始化值表或单元个数。new 返回一个具有操作数的数据类型的指针。

delete 类似于 free 函数，用于释放堆内存。delete 的操作数是 new 返回的指针，当返回的是 new 分配的数组时，则应带“[]”。

【例 4-5】 更新例题 4-4。

```
#include <iostream.h>
void main()
{
  int arraysize,count;
  int *arr;
  cout<<"please input a number:";
  cin>>arraysize;
  arr=new int[arraysize];
  if(arr==NULL)
    {
      cout<<"can't collocate more memory,terminagting.\n";
      exit(1);
   }
  for(count=0;count<arraysize;count++)
     arr[count]=count+1;
  for(count=0;count<arraysize;count)
      cout<<arr[count]<<" ";
  cont<<endl;
  delete[] arr;
}
```

运行结果为：

```
please input a number:10
1 2 3 4 5 6 7 8 9 10
```

5. const 指针

1）指向常量的指针（常量指针）

常量指针就是指指向常量的指针，在指针定义语句的类型前加 const，表示指向的对象是常量。顾名思义，就是指针指向的是常量，即它不能指向变量，它指向的内容不能被改变，不能通过指针来修改它指向的内容，但是指针自身不是常量，它自身的值可以改变，从而指向另一个常量。例如：

```
const int a=34;          //定义常变量
const int b=12;          //同上
int c=23;                //定义变量
const int *p1=&a;        //定义常量指针
*p1=45;                  //error,不能修改指针所指向的常量
p1=&b;                   //OK,指针值可以修改
p1=&c;
c=67;                    //OK,变量值可以修改
```

注意：定义指向常量的指针只限制指针的间接访问操作，而不能规定指针指向的值本身的操作。也就是说常量指针定义“const int ＊p=&a;”是告诉编译器，＊p是常量，不能将＊p作为左值参加运算。

【例 4-6】 常量指针的应用案例。

```
#include <iostream.h>
void strcpy(char *,const char *);
void main()
{
  char a[]="Hello,everyone!";
  char b[20]="";
  strcpy(b,a);
  cout<<b<<endl;
}
void strcpy(char *p1,const char *p2)
{
  while(*p2)
    *p1++=*p2++;
}
```

运行结果为：

```
Hello,everyone!
```

2）指针常量

指针常量就是指指针本身是常量。在指针定义语句的指针名前加const，表示指针本身是常量。它指向的地址是不可改变的，但地址里的内容可以通过指针改变。有一点需要注意的是，指针常量在定义时必须同时赋初值。例如：

```
int a,b;
int *const p=&a;    //定义指针常量
```

上述语句表示p是一个常量指针，它指向变量a的内存。指针常量不能再用p指向其他变量，如“p=&b;”是错误的。可以修改指向内存的值，如“＊p = 20;”，指针常量声明的时候必须赋初值。指针常量也不能释放，即用p指向NULL。例如：

```
p = NULL;       //编译时报错
```

使用指针常量的优点有以下几点。

（1）可以增加代码的可靠性和执行效率。例如：

```
int a;
int *  const p=&a;
```

（2）增加可靠性：不用担心p被修改或释放，而导致非预期结果。

（3）增加执行效率：不用在子函数中对p做为空检查，可以提高效率。

【例 4-7】 指针常量的应用案例。

```
#include <iostream.h>
void main()
{
  char *str1="Hello";
  char *str2="Hello World";
```

```
    char *const ptr=str1;    //指针常量:指针本身是常量,指向的地址不可以变化,但是指
                             //向的地址所对应的内容可以变化
    *ptr='A';                // OK,指向的地址的内容是可以变化的
    cout<<*ptr<<endl;
}
```

运行结果为:

```
A
```

若定义 ptr 为常量指针,则程序如下。

```
#include <iostream.h>
void main()
{
  char *str1="Hello";
  char *str2="Hello World";
  const char *ptr=str1; //常量指针指向字符串常量,所指向的字符串内容不能变,但是指
                        //向的地址可以变化
  ptr=str2;             // OK,因为指向的地址是可以变化的
  cout<<ptr<<endl;
}
```

运行结果为:

```
Hello World
```

3) 指向常量的指针常量

可以定义一个指向常量的指针常量,它必须在定义时赋初值。指向常量的指针常量的定义就是告诉编译器,指针值以及指针内所存放的值均为常量,都不能作为左值参加运算。例如:

```
const int x=12;
int y;
const int *const p=&x;      //定义常量指针常量
p=&y;                       //error
```

4.1.4 指针与数组

由于指针与数组在存取数据时均可以采用地址计算方法,所以指针的运算通常与数组是相关的。利用指针来访问数组可以节省空间和时间,同时也能提高目标程序的质量。

1. 指针与一维数组

在第 2 章中已经详细介绍了一维数组的定义、访问等相关问题,读者知道数组元素的访问可以采用下标访问法,其表示数组元素的格式如下。

```
数组名[下标]
```

而在编译程序时,会将该表达形式转换为如下形式。

```
*(数组名+下标)
```

因为数组名是这组数据在内存中首元素的地址(地址常量),与下标相加就表示该数组元素相对首元素地址的偏移量,也就是该元素的地址,再用间接访问运算符运算即可得出该数组元素的值。例如:

```
int x[10];
```

x 表示数组第 1 个元素的地址,也就是 &x[0]。

x+1　表示数组第 2 个元素的地址，也就是 &x[1]。

⋮

x+i　表示数组第 i 个元素的地址，也就是 &x[i]。

由此可见，访问数组元素也可以通过指针访问法来实现。

【例 4-8】 指针访问数组元素的应用案例。

```
#include <iostream.h>
void main()
{
  int *p;
  int i,x[5]={1,3,5,7,9};
  for( i=0;i<5;i++)
     cout<<x[i]<<"  ";         //下标访问法
  cout<<endl;
  for( i=0;i<5;i++)
     cout<<*(x+i)<<"  ";       //数组名访问法
  cout<<endl;
  for(p=x;p<x+5;p++)
     cout<<*p<<"  ";           //指针访问法
  cout<<endl;
}
```

运行结果为：

```
1  3  5  7  9
1  3  5  7  9
1  3  5  7  9
```

注意：随着指针的移动，指针变量可以指向数组的任何元素，但是在使用指针变量对该数组元素进行访问时，一定要注意指针移动的方向。

2. 指针与二维数组

二维数组和一维数组一样，数组名表示首元素地址(地址常量)，但是二者也有一些区别，主要是因为二维数组是“一维数组的一维数组”，例如：

```
int x[3][4];
```

也就是说二维数组 x 是一个一维数组里面包含 3 个元素(x[0]、x[1]、x[2])，而则 x[0]、x[1]、x[2]又分别是一个包含 4 个元素的一维数组，该二维数组包含的元素具体如下。

```
x[0][0]  x[0][1]  x[0][2]  x[0][3]
x[1][0]  x[1][1]  x[1][2]  x[1][3]
x[2][0]  x[2][1]  x[2][2]  x[2][3]
```

在这里，依然用一维数组的方法来分析指针和二维数组的关系，具体如下。

x　　表示数组元素 x[0]的地址，即第 0 行的首地址。

x+1 表示数组元素 x[1]的地址，即第 1 行的首地址。

x+2 表示数组元素 x[2]的地址，即第 2 行的首地址。

由此可见，二维数组名 x 是一个行地址。

x[0]　表示数组元素 x[0][0]的地址，即 &x[0][0]。

x[0]+1　表示数组元素 x[0][1]的地址，即 &x[0][1]。

⋮

由此可见，x[0]、x[1]、x[2]是列地址。因此，用指针来访问二维数组元素时，就需要读者注意行地址和列地址，才能正确地应用指针访问法访问数组元素。

【例 4-9】 使用指针变量访问二维数组元素的应用案例。

```
#include <iostream.h>
void main()
{
    int i,j,x[3][4]={{11,22,33,44},{15,16,17,18},{19,10,11,12}};
    int *p[4];
    p[0]=x[0];                //定义一个指针数组
    for(i=0;i<3;i++)
     { for(j=0;j<4;j++)
       {
        cout<<**p<<" ";
        (*p)++;
       }
      cout<<endl;
  }
}
```

运行结果为：

```
11 22 33 44
15 16 17 18
19 10 11 12
```

注意：若将程序中的语句“int *p[4];”修改为“int (*p)[4];”则表示变量 p 是一个指针变量，其指向一个含有 4 个元素的一维数组，我们也称其为行指针。若用行指针来访问二维数组元素如何完成，请读者自行分析。

3. 指针与字符串

字符型指针变量可以指向字符型常量、字符型变量、字符串常量以及字符数组。可以使用指针常量或指针变量处理字符串，用指针处理字符串更加方便。

【例 4-10】 用指针实现字符串的赋值。

```
#include <iostream.h>
#include <string.h>
void main()
{
 char *p1="Welcome to China!",*p2;
 char s1[50],s2[50];
 strcpy(s1,p1);
 p2=s2;              //指定 p2 的地址值
 while(*p1!='\0')
  {
```

```
   *p2=*p1;
   p1++;
   p2++;
  }
  *p2='\0';
  cout<<"s1="<<s1<<endl;
  cout<<"s2="<<s2<<endl;
}
```

运行结果为：

```
s1=Welcome toChina!
s2=Welcome toChina!
```

4. 指针作为函数参数

指针作为函数参数的传值方式称为地址传递。指针既可以作为函数的形参，也可以作为函数的实参。当需要通过函数改变变量的值时，可以使用指针作为函数参数。指针作为函数的参数时，是以数据的地址作为实参调用一个函数，因此，与之相对应的被调用的函数中的形参也应为指针变量，并要求其数据类型必须与被传递参数的数据类型一致。

与传值调用相比，在传地址调用时，实参为某变量地址值，形参为指针类型，将地址赋给形参，使形参指针指向该变量，则以后可以直接通过形参指针来访问该变量。

【例 4-11】 指针作为函数参数的应用案例，编写程序实现两个数据的互换。

```
#include <iostream.h>
void change(int *,int *);
void main()
{
  int x,y;
  int *p1,*p2;
  p1=&x;
  p2=&y;
  cout<<"请输入两个数分别给变量 x 和变量 y:";
  cin>>x>>y;
  cout<<"交换前 x,y 的值分别为:"<<x<<" "<<y<<endl;
  change(p1,p2);
  cout<<"交换后 x,y 的值分别为:"<<x<<" "<<y<<endl;
}
void change(int *a,int *b)
{
 int temp;
 temp=*a;
 *a=*b;
 *b=temp;
}
```

运行结果为：

```
请输入两个数分别给变量 x 和变量 y:12 36
交换前 x,y 的值分别为:12 36
交换后 x,y 的值分别为:36 12
```

4.2 引用

当调用一个以变量名作为形参的函数时，系统将为形参分配与实参不同的内存空间，因此，函数的执行结果无法通过形参返回给调用程序，变量作为形参也就无法应用在需要返回两个或多个运算结果的函数中。为此，C++语言中提供了引用机制来解决上述问题。

引用就是某个变量或对象的别名。在建立引用时，要求用某个变量或对象的名字对它进行初始化。此时，该引用便绑定在用来初始化的那个变量或对象上，对引用的修改就是对它所对应的变量或对象的修改。

4.2.1 引用的定义

引用不是值，不占有内存空间。引用只能说明，不能定义，因为定义将会分配内存空间。引用只是一个替代某个变量或对象的别名。建立引用时，先写上目标的类型，后跟引用运算符"&"，然后是引用的名字。引用能使用任何合法变量名。说明引用的格式如下。

```
类型说明符 & 引用名=变量名或对象名;
```

例如：

```
int num;
int & rint=num,x;     //声明一个引用的同时定义一个整型变量
```

其中，rint 是一个引用名，即 rint 是变量 num 的别名。

注意：引用在说明时必须初始化，否则将会产生编译错误。说明引用语句中的符号"&"是说明符，它用在引用名前，说明 rint 是一个引用名，它与运算符"&"不同，运算符"&"表示取地址，它作用在变量名前面。

在使用说明符"&"说明引用时，可以将符号"&"放在紧靠类型说明符一侧，也可以放在紧靠引用名一侧，还可以放在两者中间。例如：

```
int & rint=num;
int& rint=num;
int &rint=num;
```

一般情况下，对引用进行初始化的是使用与说明引用时的类型一致的变量或对象。但有时也可以用一个常量或不同类型的变量或对象来对引用进行初始化。这时，系统将建立一个临时变量。例如：

```
int &no=256;
```

假设这个临时变量为 temp，那么上述语句就变成如下形式。

```
int temp=256;
int &no=temp;
```

【例 4-12】 引用的应用案例。

```
#include <iostream.h>
void main()
{
  int x=10;
```

```
    int &rx=x;
    cout<<"x="<<x<,endl;
    cout<<"rx="<<rx<<endl;
    rx=20;
    cout<<"x="<<x<<endl;
    cout<<"rx="<<rx<<endl;
}
```

运行结果为：

```
x=10
rx=10
x=20
rx=20
```

4.2.2 引用的应用

1. 引用的应用

1）引用用作函数的参数

【例 4-13】 引用作为函数的参数应用案例。

```
#include <iostream.h>
void swap(int &,int &);
void main()
{
  int x=10,y=20;
  cout<<"(1)x="<<x<<",y="<<y<<endl;
  swap(x,y);
  cout<<"(2)x="<<x<<",y="<<y<<endl;
}
void swap(int &rx,int &ry)
{
 int temp;
 temp=rx;
 rx=ry;
 ry-temp;
}
```

运行结果为：

```
(1)x=10,y=20
(2)x=20,y=10
```

可见，引用具有指针的效果，但是调用引用传递的函数时，其可读性比指针传递要强一些。引用具有传值方式函数调用语法的简单性和可读性，但又比传值方式效果更强一些。

2）引用作为函数返回值

函数返回值时，要生成一个值的副本。而用引用返回值时，不生成值的副本。

【例 4-14】 函数返回值为引用的应用案例。

```
#include <iostream.h>
#define PI 3.14
float &fun(float);
```

```
void main()
{
  float area1=fun(3.0);
  float & area2=fun(3.0);               //error,请读者自行分析
  cout<<"area1="<<area1<<endl;
  cout<<"area2="<<area2<<endl;      //结果是随机数
}
float &fun(float r)
{  float temp;
   temp= PI*r*r;
   return temp;
}
```

运行结果为:

```
area=28.26
```

2. 引用与指针的区别

引用是C++语言中引入的新概念,C语言中没有这一概念。引用与指针不同,它们的区别主要有以下几个方面。

(1) 指针是变量,引用不是变量。

因为引用是变量或对象的别名,虽然可以修改它的值,但它不是变量,它本身没有地址值,它的地址值是它被绑定的变量或对象的地址值。

【例 4-15】 引用的应用案例。

```
#include <iostream.h>
void main()
{
   int x;
   int &rx=x;
   x=10;
   cout<<"x="<<x<<endl;
   cout<<"rx="<<rx<<endl;
   cout<<"&x="<<&x<<endl;
   cout<<"&rx"<<&rx<<endl;
   int y=20;
   rx=y;
   cout<<"x="<<x<<endl;
   cout<<"y="<<y<<endl;
   cout<<"rx="<<rx<<endl;
   cout<<"&x="<<&x<<endl;
   cout<<"&y="<<&y<<endl;
   cout<<"&rx="<<&rx<<endl;
}
```

运行结果为:

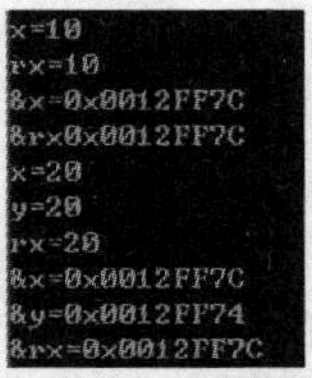

(2) 指针可以被引用，而引用不可再被引用。由于指针也是变量，所以可以有指针变量的引用。例如：

```
int *p;
int *&rp=p;          //rp 是一个指针变量的引用
int a=8;
rp=&a;               //给引用 rp 赋一个变量的地址值
```

(3) 不能定义引用数组，但可以定义指针数组。例如，定义指针数组如下。

```
int  *p[5];//定义了一个含有 5 个元素的指向整型量的指针数组
```

因为数组是某个数据类型元素的集合，数组名表示该元素集合内存空间的首地址，所以，数组不是一个实际的数据类型。也就是说数组名不是一个变量，而仅是一个地址值，所以不能建立对数组的引用。例如：

```
int a[10];
int & ra[10]=a;        //error
```

(4) 有空指针，无空引用。

```
int & rp=NULL;   //error
int rp=NULL;      //OK
```

注意：在 C++ 语言中对 void 进行引用是不允许的；同时，引用也不能用类型来初始化。

本章小结

本章中主要介绍了指针、引用的定义、赋值以及具体应用，通过本章的学习要求读者能够使用指针，能够用指针给函数传递参数，理解指针、数组和字符串之间的紧密联系，能够声明和使用字符串数组，正确理解命令行参数，理解指针的用法。掌握引用的语法，用引用传递函数的方法，理解 C++ 语言在函数原型中声明引用的目的，正确使用引用，避免不恰当的引用返回，明辨指针和引用的区别。

习 题 4

一、选择题

1. 地址是指(   )。

A. 变量的值　　　　B. 变量的类型

C. 变量在内存中的编号　　　　D. 变量

2. 若有如下语句：

```
int *p,x=10;
p=&x;
```

以下均代表地址的一组选项是(   )。

A. m,p,&m　　B. &*m,&m,*p

C. *&p,*p,&m　　D. &m,&*p,p

3. 设p和q是指向同一个整型一维数组的指针变量,f为整型变量,则不能正确执行的语句是(　　)。

A. k=*p+*q　　B. q=f　　C. p=q　　D. k=*p*(*q)

4. 若有以下说明语句:

```
int a[10]={1,2,3,4,5,6,7,8,9,10},*p=&a[3],b;
b=p[5];
```

则b的值是(　　)。

A. 5　　B. 6　　C. 8　　D. 9

二、编写程序

1. 编写程序统计平均分及格学生的人数和不及格学生的人数。

2. 编写程序,要求如下。

(1) 初始化一个矩阵A(5×5),其中的值由随机函数(int rand();)赋予,并输出。

(2) 将其传递给函数,实现矩阵的转置。

(3) 在主函数中要求输出结果。

3. 通过程序实现:调用传递引用的参数,实现两个字符串变量的交换。例如:

```
char *p1="C++ program.";
char *p2="I like it.";
```

经过交换后:

p1指向"I like it."

p2指向"C++ program."

4. 通过传递引用参数实现:求数组中最大元素的下标,将其放入主函数的变量n中。

第5章 类和对象

类是面向对象程序设计的核心，也是面向对象程序设计的基础。了解并掌握类和对象的基本概念以及它们的简单操作，包括类的定义、对象的定义方法以及对象的初始化和赋值等，可以为使用面向对象方法编程打下坚实的基础。

5.1 面向对象方法简介

面向对象的方法是从现实世界中客观存在的事物出发来构造软件系统，并在系统构造中尽可能运用人类的自然思维方式，强调直接以问题域中的事物为中心进行思考问题、认识问题和解决问题的方法。

面向对象的特点包括以下几点。

(1) 信息隐藏与封装特性　封装是把方法和数据包围起来，对数据的访问只能通过已定义的界面进行。面向对象设计始于这个基本概念，即现实世界可以被描绘成一系列完全自治、封装的对象，这些对象通过一个受保护的接口可以访问其他对象。

(2) 继承　继承是一种类的层析模型，并且允许和鼓励类的重用，它提供了一种明确表述共性的方法。对象的一个新类可以从现有的类中派生，这个过程称为类继承。新类继承了原有类的特性，新类称为原有类的派生类(子类)，原有类称为派生类的基类(父类)。派生类可以从它的基类那里继承方法和数据成员，并且类可以修改或增加新的方法和成员使之更适合特定的需要。

(3) 多态　多态性是指允许不同类的对象对同一消息做出响应。多态性语句具有灵活、抽象、代码共享等优势，很好地解决了应用程序函数同名的问题。

(4) 抽象　抽象就是忽略与当前目标无关的方面，以便更充分地关注与当前目标有关的方面。抽象包括两个方面，即过程抽象和数据抽象。

5.2 类的定义

类就是一种用户自己定义的数据类型，和其他数据类型不同的是，组成这种类型的不仅可以有数据，而且可以有对数据进行操作的函数，它们分别称为类的数据成员和类的函数成员。类是一种复杂的数据类型，它是将不同类型的数据和与这些数据相关的操作封装在一起的集合体。因此，类具有更高的抽象性，类中的数据具有隐藏性，并且类还具有封装性。

1. 类的定义

与构造枚举和结构类型相同，类也是一种用户自己定义的数据类型。类类型(后面简称为类)与其他数据类型的区别是组成这些数据类型的不仅可以有数据，而且还可以有对数据进行操作的函数。类的定义可分为说明部分和实现部分两大部分。说明部分是用来说明该类中成员，包括被说明的数据成员和成员函数，数据成员的说明包括数据成员的名字和其类型，成员函数是用来对数据成员进行操作的类中的函数。类的说明部分都放在类体中，表示要“做什么”，而类的实现部分则习惯放在类体外，表明“怎么做”。有些简单的类，可将说明部分和实现部分合并在一起，都放在类体中。在C++语言中定义类的一般格式如下。

```
class 类名
 {
  public:
    公有数据成员和成员函数
  private:
    私有数据成员和成员函数
  protected:
    保护数据成员和成员函数
 };
```

类定义是以关键字 class 开始，其后跟类名，类名必须是一个有效的C++标识符。类中所要说明的内容用花括号括起来，右花括号后的分号作为类说明部分的结束标志。花括号({})之间的内容称为类体。

类体中定义的数据和函数称为这个类的成员，它包括数据成员和成员函数。类成员都有一个属性，称为访问权限，可通过其前面的关键字来定义。关键字有 private、public 和 protected，其对应的成员访问权限分别为私有、公有和保护。这些成员分别称为私有成员、公有成员和保护成员。如果没有使用关键字，则所有成员默认定义为 private 权限。这些关键字的声明顺序和次数可以是任意的。

其中，公有成员描述了对象对外的可见属性，它不仅可以被成员函数引用，而且还可以在程序中被对象引用，公有成员提供了类的接口功能；而私有成员则是被隐藏的数据，只有该类的成员函数或友元函数(后面章节中会详细介绍其概念及应用)才能引用它，通常把在程序中不能被访问的数据成员定义为私有成员；保护成员在不同条件下，具有公有成员或私有成员的特性。

成员函数如果需要分成说明和实现两个部分，那么其说明部分必须以函数原型形式在类体中说明，而实现部分则应放在类体外定义；若成员函数不分为说明和实现两个部分，则必须定义在类体内。在类体内定义的函数默认为内联函数，而放在类体外定义的成员函数为一般函数，若在函数定义的首部最前面加上关键字 inline，则可以将其定义为内联函数。例如：

```
class point
 { public:
      void setxy(int a,int b);        //成员函数
      void move(int,int);
      void display();
      int getx();
      int gety();
  private:
      int x,y;                         //定义数据成员
 };
void point::setxy(int a,int b)        //成员函数类体外实现
 { x=a;    y=b;}
void point::move(int a,int b)
 {  x=x+a;  y=y+b;}
voidpoint::display()
```

```
 { cout<<":x="<<getx()<<"y="<<gety()<<endl;}
int point::getx()
 { return x;}
int point::gety()
 { return y;}
```

在类体外定义成员函数的一般格式如下。

```
函数类型 类名::成员函数名(参数列表)
{
  ……                        //函数体
}
```

其中,作用域运算符"::"是用来标识某个成员函数是属于哪个类的,"类名"是成员函数所属类的名字。

以上类的说明部分与实现部分也可以合在一起,其格式如下。

```
class point
{public:
  void setxy(int a,int b)
    { x=a;    y=b;}
  void move(int,int)
    { x=x+a;  y=y+b;}
  void display()
    { cout<<":x="<<getx()<<"y="<<gety()<<endl;}
  int getx()
    { return x;}
  int gety()
    { return y;}
  private:
    int x,y;
};
```

2. 类作用域

变量有变量的作用域,函数有函数的作用域,同样类也有类的作用域,下面简单介绍一下类的作用域。

类是由数据成员和成员函数组成,所以类的数据成员和成员函数都从属于该类的作用域。在此作用域中,类的数据成员可以直接由该类的所有函数访问,并可以通过它的名称进行引用;在此作用域外,类成员不可以直接使用名称进行引用。

在函数内定义的变量只能由该函数访问,也就是说函数中的变量是一个局部变量。如果函数内变量与类的数据成员同名,那么在此函数的作用域内,函数的局部变量会屏蔽类的数据成员。这种情况下如果想要访问被屏蔽的数据成员,可以使用关键字 this 和"−>"运算符来完成。例如:

```
class workday
{
  private:
    int day,month,year;
  public:
```

```
    void setDay(int day,intmonth,int year);
    void displayDay();
};
void workday::setDay(int day,intmonth,int year)
 {
  this->day=day;                    //this 与->指向的是类中的数据成员 day
  this->month=month;
  this->year=year;
 }
```

5.3 对象的定义

通常是通过对某种事物的特点和行为进行抽象得到一个类，因此类实际上是一种新的数据类型，也是实现抽象类型的工具。类是对某一类对象的抽象；而对象又是某一种类的实例，任何一个对象都属于某个已知的类，并且在程序运行时是真实存在的，是真正用于完成任务处理的实体。因此，在定义对象之前，必须先定义好该对象所属于的类。

5.3.1 对象的定义

对象是类的实例。例如，在 5.2 节中定义的点坐标类 point，就是一个类类型，point 类所说明的数据成员描述了对象的内部数据结构，对数据成员的访问需要通过类的成员函数来进行。使用 point 类类型在程序中说明的变量，被称为 point 的对象。只有产生类的对象，才能使用这些数据成员和成员函数。point 类不仅可以定义对象，还可以定义对象引用和对象指针，其定义的语法格式与基本数据类型一样。

对象的定义格式如下。

```
类名  对象名列表;
```

其中，类名是所定义的对象所属类的名字，对象名列表中可以定义一个或多个同类类型的对象名。在定义多个对象名时，对象名之间用逗号隔开，对象名可以是一般的对象名，也可以是指向对象的指针或引用名，还可以是对象数组名。例如：

```
point p1,p2;      //定义 point 类类型的对象 p1 和 p2
point *p=&p1;     //定义指向对象 p1 的 point 类类型指针 p
point p3[5];      //定义 point 类类型数组 p3,其中含有 5 个对象元素
point &p4=p2;     //定义 p4 为 point 类类型对象 p2 的引用
```

5.3.2 对象与类的关系

类是用户自定义数据类型，而对象是这些类定义的具体实例。二者的区别就像“int a = 0;”中的 int 和 a 的区别一样。类是把函数和一些成员数据放在一起，类似于结构体 struct。对象就是把类实例化，也类似于结构体变量的声明，对象的创建格式如下。

```
类名  对象名;
```

例如，假设类 A 已经定义，则可定义类 A 的对象。

```
A a;             //a 就是用户所创建的对象,只有创建了对象,类才能发挥作用
```

说明:(1) 类在声明时,只是进行了一个类的说明而已,即只是定义了一种生成具体对象的“模板”,而类并不接收和存储具体的值,只有通过类创建的对象才会获得系统所分配的存储空间。

(2) 类声明时定义的对象是一个全局对象,直到整个程序运行结束,它都一直存在,在它的生存周期内任何函数都可以使用它。

5.3.3 对象成员的访问

一旦定义了对象,就可以使用对象对其成员进行访问了。一个对象的成员就是该对象所属类的成员。对象的成员与它所属类的成员一样,有数据成员和成员函数。例如,访问结构变量的成员用“.”表示,指向结构变量指针的成员用“－＞”表示。对象成员的表示与此相同,运算符“.”用来表示一般对象的成员,而“－＞”用来表示指向对象的指针的成员。因此,一般对象的成员表示形式如下。

```
对象名.数据成员名
对象名.成员函数名(参数列表)
```

指向对象的指针的成员表示如下。

```
对象指针名->数据成员名
对象指针名->成员函数名(参数列表)
```

或者

```
(*对象指针名).数据成员名
(*对象指针名).成员函数名(参数表)
```

由同一个类所创建的多个对象的数据结构是相同的。由于不同的对象有不同的名字,而系统对已定义的对象,都会给它的数据成员变量分配存储空间,因此,不同对象的数据成员可以存储不同的值。

【例 5-1】 定义一个盒子类(BOX),在该类中要包括以下内容。

(1) 数据成员为私有访问属性:长(length)、宽(width)和高(height)。

(2) 成员函数为公有访问属性:设置盒子的长、宽、高(set)。

(3) 成员函数为公有访问属性:求盒子体积(vol)。

(4) 成员函数为公有访问属性:输出对象的长、宽、高(print)。

```
#include <iostream.h>
class BOX{
  private:        //可以省略不写,默认访问属性为 private
    float length,width,height;
  public:
    void set(float x,float y,float z)
      {  length=x;
         width=y;
         height=z;
      }
    void vol()
      { cout<<"vol="<<length*width*height<<endl;}
    void print()
```

```
        {cout<<"length="<<length<<",width="<<width<<",height="<<height<<
endl;}
    };
    void main()
      {
        BOX b;
        b.set(1,2,3);
        b.vol();
        b.print();
      }
```

运行结果为：

```
vol=6
length=1,width=2,height=3
```

5.4 构造函数

建立一个对象时，对象的状态(数据成员的取值)是不确定的。为了使对象的状态确定，必须对其进行正确的初始化。在定义变量时需要对其进行初始化，同样在定义对象时，也需要对相应的属性赋值，称为对象的初始化。因为类的数据成员大多数定义为私有的，只有成员函数或友元函数(后续章节中将进行详细介绍)才能访问它们。因此，除了通过定义成员函数的方法给对象的数据成员赋值以外，还可以使用构造函数、复制构造函数、默认构造函数或默认参数等对对象进行初始化。

5.4.1 构造函数的定义

构造函数是在类体中说明的特殊的成员函数。构造函数的功能是在创建类对象时，给对象分配内存空间并使用给定的值来初始化对象。要注意初始化和赋值是不同的操作，当预定义的初始化和赋值定义不满足程序的要求时，应该定义自己的初始化和赋值操作。其格式如下。

```
    <函数名>(<参数列表>)
      {
       ……      //构造函数函数体
      }
```

说明：(1) 构造函数是一种特殊的成员函数，函数体可以写在类体内，也可以写在类体外。

(2) 构造函数的名称必须与类名相同，该函数没有返回值类型说明(也不可以指定为 void)。

(3) 构造函数可以重载，也就是说一个类可以有多个构造函数，系统在调用时根据参数列表来决定调用的哪一个构造函数。

(4) 在程序运行时，当利用该类建立一个新的对象时，构造函数会自动被调用，在该对象的生存期中也只调用一次。

(5) 如果某类中没有显示定义构造函数，则系统会自动生成一个不带参数的默认构造函数。

【例 5-2】 修改例 5-1，实现构造函数的应用案例。

```
#include <iostream.h>
class BOX{
    private:          //可以省略不写,默认访问属性为 private
      float length,width,height;
    public:
      BOX(float x,float y,float z)   //构造函数,函数名与类名相同
        { length=x;
          width=y;
          height=z;}
      void vol()
        { cout<<"vol="<<length*width*height<<endl;}
      void print()
        {cout<<"length="<<length<<",width="<<width<<",height="<<height
<<endl;}
};
void main()
{ BOX b(1,2,3);
  b.vol();
  b.print();
}
```

运行结果为：

```
vol=6
length=1,width=2,height=3
```

【例 5-3】 改编例 5-2,在类体外实现成员函数的定义。

```
#include <iostream.h>
class BOX{
    private:
      float length,width,height;
    public:
      BOX(float x,float y,float z);   //构造函数
      void vol();
      void print();
};
BOX::BOX(float x,float y,float z)   //类体外实现构造函数,注意运算符::
{ length=x;
  width=y;
  height=z;
}
voidBOX::vol()
  { cout<<"vol="<<length*width*height<<endl;}
voidBOX::print()
  {cout<<"length="<<length<<",width="<<width<<",height="<<height<<
endl;}
void main()
{ BOX b(1,2,3);
```

```
    b.vol();
    b.print();
}
```

运行结果为：

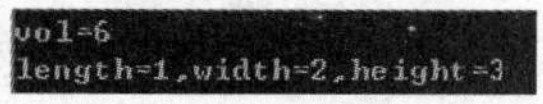

5.4.2 默认构造函数和默认参数

不带任何参数的构造函数又称为默认构造函数。在定义类时若没有定义任何构造函数，C++编译系统会自动生成一个不带参数的构造函数。定义默认构造函数的一般格式如下。

```
类名::默认构造函数名()
{
  ……//函数体
}
```

其中，默认构造函数名与类名相同，不带参数，函数体内容可有可无，而系统自动生成的默认构造函数是没有函数体内容的。若在程序中定义一个对象而没有指明初始化值，编译系统则按默认构造函数来初始化该对象。用默认构造函数初始化的对象是外部或是静态对象时，系统将对象的所有数据成员都初始化为 0 或为空。例如：

```
point p;    //对象 p 的两个数据成员 x 和 y 都被初始化为 0
```

成员函数同一般函数一样，可以设置默认参数值。一般的成员函数和构造函数都可以设置参数的默认值。

【例 5-4】 改编例 5-3，实现默认参数构造函数的应用。

```
#include <iostream.h>
class BOX{
   private:
     float length,width,height;
   public:
     BOX(float x=1,float y=2,float z=3);  //带默认参数值的构造函数
     void vol();
     void print();
};
BOX::BOX(float x,float y,float z)
 { length=x;
  width=y;
  height=z;
 }
voidBOX::vol()
  { cout<<"vol="<<length*width*height<<endl;}
voidBOX::print()
  { cout<<"length="<<length<<",width="<<width<<",height="<<height<<
endl;}
void main()
{ BOX b1,b2(2,3,4);
```

```
        b1.vol();
        b1.print();
        b2.vol();
        b2.print();
    }
```

运行结果为：

```
vol=6
length=1,width=2,height=3
vol=24
length=2,width=3,height=4
```

5.4.3 重载构造函数

成员函数与一般函数一样，可以对其进行重载，并可以设置默认参数，构造函数也可以重载。

【例 5-5】 重载构造函数的应用案例。

```
#include"iostream.h"
#include"string.h"
class Date
{
  private:
      int m,d,y;
      char str[20];
  public:
     Date(int a,int b,int c)
       {d=a;    m=b;   y=c;}
     Date(char *s,int a,int b)
       {strcpy(str,s);   d=a;   y=b;   }
     void print1()
       {cout<<m<<"/"<<d<<"/"<<y<<endl;}
     void print2()
       {cout<<str<<""<<d<<","<<y<<endl;  }
};
void main()
{
     Date d1(3,3,1999);
     d1.print1();
     Date d2("september",1,1998);
     d2.print2();
}
```

运行结果为：

```
3/3/1999
september 1,1998
```

5.4.4 复制构造函数

复制构造函数是一种特殊的成员函数，它的功能是用一个已知的对象来初始化一个被创建的同类的对象。复制构造函数的函数名与类名相同，它也是一种构造函数。复制构造函数只有一个参数，而且是对某个对象的引用；其每个类都必须有一个复制构造函数。其定义格式如下。

```
类名::拷贝构造函数名(类名  &引用名)
{
 ……                                  //函数体
}
```

如果在一个类中没有定义复制构造函数，则编译系统会自动生成一个具有上述形式的默认复制构造函数，来作为该类的公有成员。默认复制构造函数的功能是将已知对象的所有数据成员的值复制到对应的对象的所有数据成员。

【例 5-6】 复制构造函数的应用案例。

```
#include <iostream.h>
class BOX{
    private:
      float length,width,height;
    public:
      BOX(float x,float y,float z);
      BOX(BOX &b);
      void vol();
      void print();
};
BOX::BOX(float x,float y,float z)
    {  length=x;
      width=y;
      height=z;
    }
BOX::BOX(BOX &b)
  {  length=b.length;
    width=b.width;
    height=b.height;
  }
void BOX::vol()
  { cout<<"vol="<<length*width*height<<endl;}
void BOX::print()
  { cout<<"length="<<length<<",width="<<width<<",height="<<height<<
endl;}
void main()
  { BOX b1(2,3,4);
  BOX b2(b1);
  b1.vol();
  b1.print();
  b2.vol();
  b2.print();
  }
```

运行结果为：

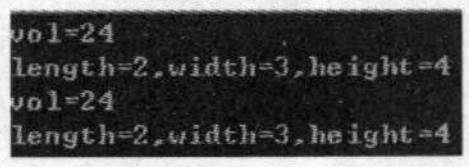

说明:在C++语言中,一般在以下三种情况下调用复制构造函数。

① 使用一个已存在的对象来实例化同类的另一个对象。

② 在函数调用中,以值传递的方式传递类对象的复制。

③ 对象作为函数的返回值。

5.5 析构函数

一个类可以利用构造函数分配资源,这些资源要在对象撤销时释放。如果构造从堆中分配了内存,这部分内存在对象消失之前也必须被释放。析构函数用于自动完成这些清理工作,其功能与构造函数正好相反。

5.5.1 析构函数的定义

析构函数也是一种特殊的成员函数,它没有返回类型(也不能声明为 void 类型),没有参数,也不能重载。析构函数与所属的类同名。不过,在说明和定义析构函数时,必须在函数名前加一个"~"符号,表示逆构造函数。析构函数的定义格式如下。

```
类名::~析构函数名()
{
  ……                        //函数体
}
```

一个类中只可以定义一个析构函数。如果一个对象被定义在一个函数体内,则当这个函数结束时,该对象的析构函数会被自动调用。

若一个对象是使用 new 运算符动态创建的,在使用 delete 运算符释放它时,delete 将会自动调用析构函数。

同理,一个类中没有定义析构函数时,编译系统会自动生成一个默认的析构函数。其格式如下。

```
类名 ::~默认析构函数名()
{  }
```

默认析构函数名和类名相同,默认析构函数是一个空函数,即函数体没有内容,它不进行任何操作。通常在撤销对象时,不需要为该对象的数据成员进行清理工作的情况下,就不需要显示定义析构函数。

【例 5-7】 析构函数的应用案例。

```
#include <iostream.h>
class Test{
  private:
    int x;
  public:
    Test(int a)
      {x=a;  cout<<"x="<<x<<" is constructed."<<endl;}
```

```
    Test(Test &t)
      {x=t.x;cout<<"It's copy constructor."<<endl;}
    ~Test()
      {cout<<"It's destructor."<<endl;}
  };
void main()
{
  Test t1(1);
  Test t2(t1);
}
```

运行结果为：

```
x=10 is constructed.
It's copy constructor.
It's destructor.
It's destructor.
```

5.5.2 析构函数与构造函数的区别

所谓构造函数，通俗地讲就是在类的定义中函数名和类名相同的函数。它的作用是在建立一个对象时，进行某些初始化的工作（如对数据赋予初值）。C＋＋语言允许同名函数，也就允许在一个类中有多个构造函数。如果一个类中没有构造函数，编译器将为该类产生一个默认的构造函数。构造函数唯一的语法限制是它不能指定返回类型，甚至 void 也不行。

依据是否带参数，构造函数可分为不带参数的构造函数和带参数的构造函数。不带参数的构造函数，只能以固定不变的值初始化对象。不带参数的构造函数一般形式如下。

```
构造函数名( )
  {
    ……                //函数体
  }
```

带参数构造函数的初始化相对来说要更灵活一些，通过传递给构造函数的参数，可以赋予对象不同的初始值。其一般形式如下。

```
构造函数名(形参表)
{
    ……                //函数体
}
```

创建对象的格式如下。

```
类名 对象名(实参表);
```

构造函数的参数的初始值可以有默认值。当定义对象时，如果不给出参数，就自动把相应的默认参数值赋给对象。其一般形式如下。

```
构造函数名(参数=缺省值,参数=缺省值,…);
```

而析构函数则与构造函数相反，当对象脱离其作用域时（如对象所在的函数已调用完毕），系统自动执行析构函数。析构函数往往用来做“清理善后”的工作，如在建立对象时用 new 开辟了一片内存空间，应在退出前在析构函数中用 delete 释放，此时析构函数将被调用（系统自动调用）。析构函数的名字和类名一样，不过要在其名字前面加上“～”。对一个类来说，只能允许一个析构函数。析构函数不能有参数，并且也没有返回值。析构函数的作用是完成一个清理工作，如释放从堆中分配的内存。

一个类中可以有多个构造函数，但析构函数只能有一个。对象被析构的顺序，与其建立时的顺序相反，即后构造的对象先析构。

【例 5-8】 构造函数与析构函数应用案例。

```
#include<string.h>
#include <iostream.h>
class stud                          //声明一个类
{
  private:                          //私有部分
  int num;
  char name[10];
  char sex;
public://公有部分
   stud(int n,char nam[],char s )          //构造函数
   {
    num = n;
    strcpy(name,nam);
    sex = s;
   }
  ~ stud( )                                //析构函数
   {
    cout<<"stud has been destructe!"<<endl;//通过输出提示告诉我们析构函数确实
被调用了
   }
  void display( )                        //成员函数,输出对象的数据
   {
    cout<<"num:"<<num<<endl;
    cout<<"name:"<<name<<endl;
    cout<<"sex:"<<sex<<endl;
   }
 };
void main( )
{
 stud stud1(10010,"Wang-li",'f');          //建立对象 stud1
 stud stud2(10011,"Zhang-fun",'m');        //建立对象 stud2
 stud1.display( );                         //输出学生 1 的数据
 stud2.display( );                         //输出学生 2 的数据
}
```

运行结果为：

```
num: 10010
name: Wang-li
sex: f
num: 10011
name: Zhang-fun
sex: m
stud has been destructe!
stud has been destructe!
```

5.6 静态成员

5.6.1 静态数据成员

有时在编写程序的过程中需要为某个类的所有对象分配一个单一的存储空间，在C语言中，可以采用全局变量来实现这一需求，但是相对来说其安全性不是很高，因为全局数据可以被任何人修改。而且，在一个项目中，它很容易与其他的变量名字发生命名冲突。如果可以把一个数据当成全局变量去存储，但又被隐藏在类的内部，并且可以与这个类相联系，那么这种处理方法不仅安全性高而且不会发生冲突。

上述要求在C++语言中可采用类的静态数据成员来实现。同时，静态数据成员也是为了解决数据共享的问题而提出的。虽然设置全局对象或变量可以解决数据共享的问题，但是全局对象或变量是有局限性的，如果不小心更新了它，它将会影响整个程序的运行结果。为了安全起见，在程序中应用尽量少地去使用全局变量，而改用静态数据成员。

静态数据成员不是属于某个对象的，而是属于类的。它是某个类的所有对象所共享的一个数据成员。静态数据成员的值对每个对象都是一样的，只要对它的值更新一次，所有的对象就存取它更新后的新值，这样可以大大提高运行效率。与全局对象或变量相比，使用静态数据成员的有如下两个优势。

(1) 静态数据成员没有进入程序的全局名字空间，因此不存在与程序中其他全局名字冲突的可能性。

(2) 可以实现信息隐藏，静态成员可以是 private 成员，而全局对象不能。

静态数据成员与一般的数据成员相比，有以下区别。

(1) 静态数据成员在定义或说明时，其前面要加关键字 static。例如：

```
private:
  int a;                  //定义一普通数据成员 a
  static int b;           //定义一静态数据成员 b
```

(2) 静态数据成员的初始化与一般数据成员初始化不同，它的初始化在类体外进行，并要求必须对它进行初始化，前面不加 static、private 和 public 等关键字，而且要使用作用域运算符来标明它所属的类。例如：

```
class  CL
  {private:
    static int a;
  };
  int CL::a=10;
```

(3) 静态数据成员可以成为成员函数的可选参数，而普通数据成员则不可以。例如：

```
class base{
  private:
    static int staticVar;
    int var;
public:
    void fun1(int i=staticVar);//OK
    void fun2(int i=_var);        //error
};
```

(4) 静态数据成员的类型可以是所属类的类型，而普通数据成员则不可以。普通数据成员只能声明为所属类类型的指针或引用。例如：

```
class base{
  public:
     static base object1;       //OK,静态数据成员
     base object2;              //error
     base *pObject;             //OK,指针
     base &mObject;             //OK,引用
};
```

【例 5-9】 静态数据成员的应用案例。

```
class base{
  public:
     static int num;        //声明
};
int base::num= 0;             //静态数据成员的真正定义
class derived:public base{
};
void main()
{
  base a;
  derived b;
  a.num++;
  cout<<"base class static data number _num is"<<a._num<<endl;
   b.num++;
  cout<<"derived class static data number _num is"<<b._num<<endl;
}
```

运行结果为：

```
base class static data number_num is 1
erived class static data number_num is 2
```

5.6.2 静态成员函数

静态成员函数是类的一部分，而不是对象的一部分。对静态成员函数的说明和定义与静态数据成员一样，在成员函数名前的类型说明符前面加上关键字 static，函数的实现可以在类体内，也可以在类体外，与一般成员函数相同。

静态成员函数不能访问一般的数据成员（非静态成员），它只能访问静态数据成员。如果要引用非静态成员，可通过对象来引用。静态成员函数也只能调用其他的静态成员函数，无法访问一般的成员函数。如果要在类外调用公用的静态成员函数，要用类名和域运算符“::”对静态成员函数进行访问（调用），在程序中其一般格式如下。

```
类名::静态成员函数名(参数列表)
```

也允许通过对象名调用静态成员函数，但这并不意味着此函数是属于对象，而只是用对象的类型而已，其格式如下。

```
对象名.静态成员函数名(参数列表)
```

静态成员函数与非静态成员函数的根本区别是：非静态成员函数有 this 指针；静态成员函数并不属于某一对象，它与任何对象都无关，因而静态成员函数没有 this 指针。由此决定了静态成员函数不能访问本类中的非静态成员。在 C++程序中，静态成员函数主要用来访问静态数据成员，而不访问非静态成员。

【例 5-10】 静态成员函数的应用案例。

```
#include <iostream.h>
class Student                    //定义 Student 类
{ public:
    Student(int n,int a,float s):num(n),age(a),score(s)
     { }                         //定义构造函数
    void total();
    static float average();  //声明静态成员函数
  private:
    int num;
    int age;
    float score;
    static float sum;           //静态数据成员
    static int count;           //静态数据成员
};
void Student::total()           //定义非静态成员函数
  { sum+=score;                 //累加总分
    count++;                      //累计已统计的人数
  }
float Student::average()   //定义静态成员函数
  {return(sum/count);}
float Student::sum=0;           //对静态数据成员初始化
int Student::count=0;           //对静态数据成员初始化
void main()
  {Student stud[3]={Student(1001,18,70),
Student(1002,19,78),Student(1005,20,98)};
  int n;
  cout<<"please input the number of students:";
  cin>>n;                       //输入需要求前面多少名学生的平均成绩
  for(int i=0;i<n;i++)      //调用 3 次 total 函数
     stud[i].total();
  cout<<"the average score of"<<n<<" students is "<<Student::average()
<<endl;           //调用静态成员函数
  }
```

运行结果为：

```
please input the number of students:3↙
the average score of 3 students is 82.3333
```

说明：(1) 在主函数中定义了 stud 对象数组，为了使程序简练，只定义它含 3 个元素，分别存放 3 个学生的数据。程序的作用是先求用户指定的 n 名学生的总分，然后求平均成绩(n 由用户输入)。

(2) 在 Student 类中定义了两个静态数据成员 sum(总分)和 count(累计需要统计的学生人数)，这是由于这两个数据成员的值是需要进行累加的，它们并不是只属于某一个对象元素，而是由各对象元素共享的，因而它们的值是在不断变化的，而且无论对哪个对象元素而言，都是相同的，而且始终不释放内存空间。

(3) total 是公有的成员函数，其作用是将一个学生的成绩累加到 sum 中。公有的成员函数可以引用本对象中的一般数据成员(非静态数据成员)，也可以引用类中的静态数据成员。score 是非静态数据成员，sum 和 count 是静态数据成员。

(4) average 是静态成员函数，它可以直接引用私有的静态数据成员(不必加类名或对象名)，函数返回成绩的平均值。

(5) 在 main 函数中，引用 total 函数要加对象名(如用对象数组元素名)，引用静态成员函数 average 函数要用类名或对象名。

5.7 友元函数

有些时候，一些普通函数需要直接访问一个类中的保护或私有数据成员，主要是为了提高效率。但是类具有封装性和信息的隐藏性，规定只有类的成员函数才能访问类的私有成员，程序中的其他函数是无法访问私有成员的。非成员函数可以访问类中的公有成员，但是如果将数据成员都定义为公有的，这又破坏了信息的隐藏性，所以 C++语言中提出了友元机制。友元可以是一个函数，则该函数称为友元函数；友元也可以是一个类，则该类被称为友元类。友元的作用主要是为了提高效率和方便编程。

5.7.1 友元函数

友元机制允许一个类授权其他的函数访问它的非公有成员，友元函数以关键字 friend 开头，它的说明在类体中，但其实现在类体外完成。友元函数的定义格式如下。

```
friend 返回值类型 函数名(参数列表);
```

友元函数不是成员函数，但是它可以访问该类中所有对象的私有成员、公有成员和保护成员，这破坏了封装性和数据隐藏性，导致程序的可维护性变差，因此在使用友元函数时必须权衡得失。友元函数的作用在于提高程序的运行效率。

友元函数是 C++语言特有的，它的作用是使不在这个类中声明的成员函数能够访问这个类的对象的私有成员，实质上就是破坏了对象的封装性。但是，在某些时候是需要在类外访问类的私有成员的，所以友元函数也是必不可少的。

【例 5-11】 友元函数的应用案例。

```
#include <iostream.h>
class Time;
classDate
{ public:
    Date(int,int,int);
    friend void display(Time &,Date &);   //定义友元函数
```

```
  private:
    int month;
    int day;
    int year;
};
class Time
{ public:
    Time(int,int,int);
    friend void display(Time &,Date &);
  private:
    int hour;
    int minute;
    int sec;
};
Time::Time(int h,int m,int s)
  {
  hour=h;
  minute=m;
  sec=s;
  }
Date::Date(int m,int d,int y)
  { month=m;
    day=d;
    year=y;}
void display(Time &obj1,Date & obj2)
{
    cout<<obj2.month<<"/"<<obj2.day<<"/"<<obj2.year<<endl;
    cout<<obj1.hour<<":"<<obj1.minute<<":"<<obj1.sec<<endl;
 }
voidmain()
{
  Time t1(8,13,30);
  Date d1(4,10,2014);
  display(t1,d1);
}
```

运行结果为：

```
4/10/2014
8:13:30
```

此外，一个类的成员函数（包括构造函数和析构函数）也可以说明为另外一个类的友元。例如：

```
class A
{
  public:
     void F();
```

```
    private:
        ⋮
};
class B
{ public:
        friend void A::F();      //OK
    private:
        ⋮
};
void A::f()
  {
   ……        //函数体
  }
```

5.7.2 友元类

除了友元函数外，还可以说明友元类，即一个类作为另一个类的友元。当一个类作为另一个类的友元时，就意味着这个类的所有成员函数都是另一个类的友元函数。但是要注意：友元关系不具有传递性，即当类 A 是类 B 的友元，类 B 是类 C 的友元时，这时类 A 却不是类 C 的友元；友元关系也不具有交换性，即当说明类 A 是类 B 的友元时，类 B 却不一定是类 A 的友元。

【例 5-12】 友元类的应用案例。

```
# include < iostream.h>
class Radius
{
    friend class Circle;                //声明 Circle 为 Radius 的友元类
    friend void Show_r(Radius &n);     //声明 Show_r 为友元函数
    public:
      Radius(int x)
       {
        r =  x;
       }
      ~ Radius()
       { }
   private:
     int r;
};
void Show_r(Radius &n)
{
  cout<<"圆的半径为:"<<n.r<<endl;//调用 Radius 对象的私有成员变量 r
}

c lass Circle
{
  public:
```

```
        Circle()
          { }
       ~ Circle()
          { }
        double area(Radius a)
        {
          s=a.r*a.r*3.14;  //调用 Radius 对象的私有成员变量 r
          return s;
        }
    private:
        double s;
};
void main(int argc,char * argv[])
{
    Radius objRadius(9);
    Circle objCircle;
    Show_r(objRadius);
    cout<<"面积为:"<<objCircle.area(objRadius)<<endl;
}
```

运行结果为:

```
圆的半径为:9
面积为:254.34
```

本章小结

本章主要介绍类和对象的基本概念以及它们的简单操作,包括类的定义、对象的定义方法以及对象的初始化和赋值等,这些是面向对象程序设计语言中最基础的部分。

习 题 5

一、选择题

1. 在C++程序中,对象之间的相互通信,是通过(　　)来实现的。

A. 继承　　B. 调用成员函数　　C. 封装　　D. 函数重载

2. 在类的定义形式中,数据成员、成员函数和(　　)组成了类的定义体。

A. 成员的访问控制信息　　B. 公有消息

C. 私有的　　D. 保护的

3. 有关类和对象的说法,下列不正确的有(　　)。

A. 对象是类的一种实例

B. 任何一个对象只能属于一个具体的类

C. 一个类只能有一个对象

D. 类与对象的关系和数据类型和变量的关系相似

4. 以下叙述不是构造函数的特征的是(　　)。

A. 构造函数的函数名与类名相同

B. 构造函数可以重载

C. 构造函数可以设置默认参数

D. 构造函数必须指定类型说明

5. 关于析构函数的说法中，正确的是(　　)。

A. 一个类中只能定义一个析构函数

B. 析构函数名与类名不同

C. 析构函数的定义只能在类体内

D. 析构函数可以有一个或多个参数

6. 通常复制构造函数的参数是(　　)。

A. 某个对象名　　B. 某个对象的成员名

C. 某个对象的引用名　　D. 某个对象的指针名

7. 关于成员函数特征的描述中，错误的是(　　)。

A. 成员函数一定是内联函数

B. 成员函数可以重载

C. 成员函数可以设置参数的默认值

D. 成员函数可以是静态的

8. 对静态数据成员的描述中，正确的是(　　)。

A. 静态数据成员是类的所有对象共享的数据

B. 类的每个对象都有自己的静态数据成员

C. 类的不同对对象有不同的静态数据成员值

D. 静态数据成员不能通过类的对象调用

9. 关于友元函数的描述，正确的是(　　)。

A. 友元函数的实现必须在类的内部定义

B. 友元函数是类的成员函数

C. 友元函数破坏了类的封装性和隐藏性

D. 友元函数不能访问类的私有成员

10. 一个类的友元函数和友元类可以访问该类的(　　)。

A. 私有成员　　B. 保护成员　　C. 公有成员　　D. 所有成员

11. 关于对象数组的描述中，错误的是(　　)。

A. 对象数组的下标是从 0 开始的

B. 对象数组的数据名是一个常量指针

C. 对象数组的每个元素是同一个类的对象

D. 对象数组只能赋初值，而不能在定义后赋值

二、读程序写结果

1. 程序如下。

```
#include <iostream.h>
class A
{
    public:
        A()
          {i=j=0;}
        A(int x,int y)
```

```
            {i=x;j=y;}
        void display()
            {cout<<"i="<<i<<'j="<<j<<endl;   }
    private:
        int  i,j;
    };
void main()
{
    A s1,s2(2,3);
    s1.display();
    s2.display();
}
```

运行结果为：

2. 程序如下。

```
#include <iostream.h>
class A
    {public:
        A();
        ~A();
        void display();
    private:
        int  i;
};
A::A()
{
    i= 0;
    cout<<"default constructor cassed.\n";
}
A::~ A()
    { cout<<"destructor cassed.\n";}
void A::display()
    { cout<<"i="<<i<<endl;}
void main()
{
    A a;
    a.display();
}
```

运行结果为：

第6章 继承与派生

通过继承已有类，定义新类的过程称为派生。继承显著提高了软件的重用性和开发效率，使软件的扩充和维护更容易，是面向对象程序设计方法的基本特点之一。

6.1 类的继承与派生

6.1.1 类的继承概念

继承是面向对象的特征之一，它在很大程度上支持程序代码的重用性。下面详细介绍一下相关的基本概念。

若在定义类 A 时，使用了类 B 的成员，则称类 A 继承了类 B，并称类 B 为基类(父类)，称类 A 为派生类(子类)。一个基类可派生多个派生类，一个派生类又可以作为另一个类的基类，这样就形成了类的树形结构。

在我们日常生活中继承的例子很多，比如，人类可派生出学生类、教师类、工人类等，学生类又可以派生出大学生类、研究生类等。人类就是基类，学生类是人类的派生类；学生类又是研究生类的基类，研究生类是学生类的派生类，因此，基类与派生类的概念是一个相对的概念。

在 C＋＋语言中，继承分单重继承和多重继承。当一个派生类仅有一个基类时，称为单重继承，如图 6-1 所示；而当一个派生类有两个或两个以上的基类时，称为多重继承，如图6-2 所示。

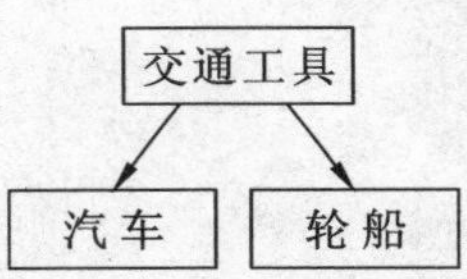

图 6-1　单重继承

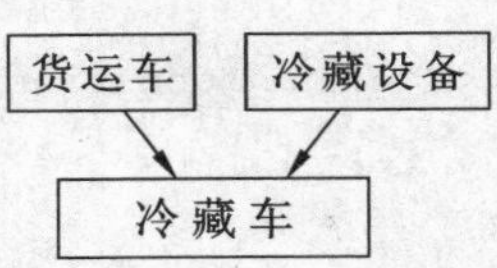

图 6-2　多重继承

6.1.2 类的继承方式

类的继承方式有三种，即公有继承、私有继承和保护继承。下面以单重继承为例，分别介绍三种继承方式，以及对应基类中数据成员和成员函数在派生类中的访问权限。

1. 公有继承(public)

公有继承时，基类中所有成员在派生类中保持各个成员的原有访问权限，具体如下。

(1) 基类的 public 成员，在派生类中仍为 public 成员，在派生类内外可直接访问。

(2) 基类的 private 成员，在派生类中不能直接访问，只能通过基类公有的或保护的成员函数间接访问。

(3) 基类的 protected 成员，在派生类中仍为 protected 成员，在派生类中可直接访问，但在派生类外不可直接访问，只能通过派生类的公有成员函数或基类的公有成员函数间接访问。

【例 6-1】 公有继承的应用案例。

```
#include <iostream.h>
class point{
    float x;
  protected:
    float y;
  public:
    float z;
    point(float x,float y,float z)
     {
       this->x=x;
       this->y=y;
       this->z=z;
     }
   void setX(float x)  { this->x=x;}
   void setY(float y)  {this->y=y;}
   float getX() {return x;}
   float getY() {return y;}
   void showp()
     { cout<<"("<<x<<","<<y<<","<<z<<")";}
};
class sphere:public point
{ float radius;
public:
  sphere(float x,float y,float z,float r):point(x,y,z)
    {radius=r;}
  void shows()
    {cout<<"("<<getX()<<","<<getY()<<","<<z<<"),"<<radius<<
   endl;}
};
void main()
{
   sphere  s(1,2,3,4);
   s.shows();
   cout<<"("<<s.getX()<<","<<s.getY()<<","<<s.z<<")"<<endl;
}
```

运行结果为：

```
(1,2,3),4
(1,2,3)
```

说明:在类定义中,访问权限设置为 protected 的成员称为保护成员。保护成员具有如下双重作用:对于派生类而语言,它是公有的;而对于其类外部而言,它是私有的。公有继承一个基类派生新类时,基类中的公有成员就如同派生类中定义的公有成员一样,在类外可用派生类的"对象名.成员名"直接访问。基类中的保护成员只能在派生类的成员函数中直接使用,而在派生类之外不能直接使用。对基类而言,派生类也属于基类的"外部",因此派生类中定义的成员函数也不能直接使用基类中的私有成员。

2. 私有继承

对于私有继承的派生类而言,其基类中的公有成员和保护成员在派生类中均变为私有的,在派生类中可直接使用这些成员。在派生类之外均不可以直接使用基类中的公有成员或保护成员,这些成员必须通过派生类中的公有成员函数来间接使用。同样地,对于基类中的私有成员,在派生类中不可直接使用,只能通过基类的公有成员函数或保护成员函数间接使用。当然除了派生类之外,更不能直接使用基类中的私有成员。

【例 6-2】 私有继承的应用案例。

```
#include <iostream.h>
class point{
    float x;
protected:
    float y;
public:
    float z;
   point(float x,float y,float z)
     {
       this->x=x;
       this->y=y;
       this->z=z;
     }
   void setX(float x)   { this->x=x;}
   void setY(float y)  {this->y=y;}
   float getX()   {return x;}
   float getY()   {return y;}
   void showp()
     { cout<<"("<<x<<","<<y<<","<<z<<")";}
 };
 class sphere:private point
 {
    float radius;
 public:
    sphere(float x,float y,float z,float r):point(x,y,z)
      {radius=r;}
    void shows()
  {cout<<"("<<getX()<<","<<getY()<<","<<z<<"),"<<radius<<endl;}
```

```
};
void main()
{
  sphere  s(1,2,3,4);
  s.shows();
  cout<<"("<<s.getX()<<","<<s.getY()<<","<<s.z<<")"<<endl;//error
}
```

运行结果为：

提示出错信息，编译不能通过

说明：尽管基类 point 中的成员函数 getX()、getY()是公有的，但是由于是私有继承，该函数成为派生类 sphere 中的私有成员函数。在主函数中试图使用 s. getX()、s. getY()输出对象 s 的成员 x、y 的值是行不通的。同理，对变量 z 也是一样的情况。

3. 保护继承

对于保护继承的派生类而言，其基类中公有成员和保护成员在派生类中均变为保护的，在派生类中可直接使用这些成员，在派生类之外均不可直接使用基类中的公有成员或保护成员，这些成员必须通过派生了中的公有成员函数来间接使用。同样，对于基类中的私有成员，在派生类中不可直接使用，只能通过基类的公有成员函数或保护成员函数间接使用。当然在派生类之外，更不能直接使用基类中的私有成员。

【例 6-3】 保护继承的应用案例。

```
#include <iostream.h>
class point{
    float x;
protected:
    float y;
public:
    float z;
    point(float x,float y,float z)
      {
        this->x=x;
        this->y=y;
        this->z=z;
      }
   void setX(float x)  { this->x=x;}
   void setY(float y)  {this->y=y;}
   float getX() {return x;}
   float getY() {return y;}
   void showp()
     { cout<<"("<<x<<","<<y<<","<<z<<")";}
};
class sphere:protected point
{   float radius;
  public:
```

```
        sphere(float x,float y,float z,float r):point(x,y,z)
          {radius=r;}
        void shows()

    {cout<<"("<<getX()<<","<<getY()<<","<<z<<"),"<<radius<<endl;}
    };
    void main()
    {
      sphere  s(1,2,3,4);
      s.shows();
      cout<<"("<<s.getX()<<","<<s.getY()<<","<<s.z<<")"<<endl;//error
    }
```

运行结果为：

提示出错信息，编译不能通过

说明：比较上述两个例题可以发现，虽然两个例题的继承方式不同，但对派生类的使用方法却是相同的。而私有继承和保护继承的区别，在派生类作为新的基类，继续继承时才能表现出来。

综上所述，对于公有、私有和保护继承来说，基类的访问权限可如表 6-1 所示。例如，对于公有继承，从继承的角度来看，若不希望基类的成员被派生类继承使用，则其访问权限应设为 private；若希望基类的成员能被派生类继承使用但不希望在类外被使用，则其访问权限应设为 protected；若既希望基类的成员能被派生类继承使用又希望在类外被访问，则其访问权限应设为 public。

表 6-1　继承基类的访问权限

继承方式	基类成员的访问权限	基类成员在派生类中的访问权限	基类成员在派生类外的访问权限
public	public	public	可访问
	protected	protected	不可访问
	private	不可访问	不可访问
protected	public	private	不可访问
	protected	private	不可访问
	private	不可访问	不可访问
private	public	protected	不可访问
	protected	protected	不可访问
	private	不可访问	不可访问

在实际使用过程中，公有继承使用得较多，私有继承和保护继承相对来说使用得较少。为了便于继承，通常将基类数据成员的访问权限设为 protected，基类成员函数的访问权限设为 public。

6.1.3　派生类的定义

C＋＋语言的派生类可由单重继承产生，也可由多重继承产生。C＋＋语言派生类单重继承的定义格式如下。

```
class 派生类名:[public/protected/private] 基类名
 {
    派生类新增加的数据成员
    派生类新增加的成员函数
 };
```

其中,关键字 public、private 和 protected 表示了三种不同的继承方式:使用关键字 public 的继承方式称为公有继承;使用关键字 private 的继承方式称为私有继承;使用关键字 protected 的继承方式称为保护继承。在使用继承方法产生派生类时,上述三种继承方式的关键字必须选择一个,也只能选择一个。如果一个继承方式关键字都没有选,则默认继承方式为 private。

C++语言派生类多重继承的定义格式如下。

```
class 派生类名:[继承方式 1]< 基类名 1> ,[继承方式 2]< 基类名 2> ,…..[继承方式 n]< 基类名 n>
 {
   派生类新增加的数据成员
   派生类新增加的成员函数
 };
```

通常,在多重继承时,继承方式设计成一致的形式,如继承方式均设计为 public 或者均设计成 private。

6.2 继承的应用

6.2.1 单重继承

1. 单重继承中的成员访问权限

派生类对基类成员的访问形式主要有以下两种。

(1) 内部访问:由派生类中新增成员对基类继承来的成员的访问。

(2) 对象访问:在派生类外部,通过派生类的对象对从基类继承来的成员的访问。

【例 6-4】 成员访问权限应用的案例。

```
#include <iostream.h>
class A                      //基类
{
  private:
      int  x;
  protected:
      int y;
  public:
      int z;
};
class B:public A            //派生类,公有继承基类 A
{
  public:
```

```
        void fun()
        {  int a,b,c;
(1)        a=x;           //error,不可访问
           b=y;           //OK
           c=z;           //OK
        }
};
void main()
{
    A  claA;
(2)claA.x=1;                //error,不可访问
(3)claA.y=2;                //error,不可访问
   claA.z=3;                //OK
   B claB;
(4)claB.x=11;               //error,不可访问
(5)claB.y=22;               //error,不可访问
   claB.z=33;               //OK
   cout<<"claA.z="<<claA.z<<"claB.z="<<claB.z<<endl;
}
```

说明：语句行(1)、(2)、(3)、(4)和(5)处在编译过程中会提示如下错误信息。

```
error C2248: 'x' : cannot access private member declared in class 'A'
```

2. 单重继承的构造函数和析构函数

由于派生类继承了基类的成员，所以派生类对象的数据结构是由基类中说明的数据成员和派生类中说明的数据成员共同构成。将派生类的对象中由基类中说明的数据成员和操作所构成的封装体称为基类子对象，由于基类的构造函数和析构函数是不能被继承的，因此这部分基类子对象是由基类中的构造函数进行初始化。所以，在定义派生类的构造函数时除了对自己的数据成员进行初始化外，还必须负责调用基类构造函数使基类数据成员进行初始化。如果派生类中还有子对象时，还应包含对子对象进行初始化的构造函数。总之，初始化派生类的对象时，就要对基类数据成员、新增数据成员和子对象的数据成员进行初始化。

同样，在派生类对象的撤销时，也需要定义派生类的析构函数。而在撤销从基类继承下来的成员时，系统会自动调用基类的析构函数来完成。派生类构造函数的一般格式如下。

```
    <派生类名>(<派生类构造函数总参数表>):<基类构造函数>(参数表 1),<子对象名>(<参数
表 2>,…,子对象名(参数表 n))
    {
        ……                          //对派生类中新增数据成员进行初始化
    };
```

派生类构造函数的调用顺序如下。

(1) 调用基类的构造函数。

(2) 如果存在子对象，则调用子对象类的构造函数。

(3) 调用派生类构造函数。

析构函数与构造函数一样也不能被继承,在派生类中定义析构函数与在一般类(无继承关系)中定义的方法相同。派生类中析构函数的调用顺序与构造函数相反:先调用派生类的析构函数,如果存在子对象,则调用子对象类的析构函数,最后调用基类的析构函数。

【例 6-5】 单继承的构造函数、析构函数的应用案例。

```
#include <iostream.h>
class A
  {private:
     int a;
  public:
     A() { a=0;cout<<"类 A 的缺省构造函数.\n";}
     A(int i) { a=i;cout<<"类 A 的构造函数.\n";}
     ~ A() { cout<<"类 A 的析构函数.\n";}
     void Print()
     { cout<<a<<",";}
     int geta() { return a;}



};
class B:public A
{private:
     int b;
     A aa;
  public:
     B()
     {
      b=0;
      cout<<"类 B 的缺省构造函数.\n";}
     B(int i,int j,int k);
     ~ B()
     {cout<<"类 B 的析构函数.\n";}
     void Print();
};
B::B(int i,int j,int k):A(i),aa(j)
{
  b=k;
  cout<<"类 B 的构造函数.\n";
}
void B::Print()
 {
  A::Print();
  cout<<b<<","<<aa.geta()<<endl;
 }
void main()
```

```
    { B bb[2];
      bb[0]=B(1,2,5);
      bb[1]=B(3,4,7);
      for(int i=0;i<2;i++)
        bb[i].Print();
    }
```

运行结果为：

```
类A的缺省构造函数.
类A的缺省构造函数.
类B的缺省构造函数.
类A的缺省构造函数.
类A的缺省构造函数.
类B的缺省构造函数.
类A的构造函数.
类A的构造函数.
类B的构造函数.
类B的析构函数.
类A的析构函数.
类A的析构函数.
类A的构造函数.
类A的构造函数.
类B的构造函数.
类B的析构函数.
类A的析构函数.
类A的析构函数.
1,5,2
3,7,4
类B的析构函数.
类A的析构函数.
类A的析构函数.
类B的析构函数.
类A的析构函数.
类A的析构函数.
```

关于单重继承中的构造函数和析构函数需要注意以下几点。

（1）派生类的构造函数初始化列表中列出的均是直接基类的构造函数。

（2）构造函数不能被继承，因此，派生类的构造函数只能通过调用基类的构造函数来初始化基类的对象。

（3）先调用基类的构造函数，再调用派生类自己的数据成员所属的构造函数，最后调用派生类的构造函数。

（4）派生类的构造函数只负责初始化自己定义的数据成员。

（5）析构函数不可以继承，也不可以重载，更不可以被调用。

（6）派生类对象的生存期结束时会自动调用派生类的析构函数，在该析构函数结束之前再自动调用基类的析构函数。因此，析构函数被自动调用的顺序与构造函数相反，即先撤销派生类再撤销其成员，最后撤销基类及其成员。

【例 6-6】 完善学生和教师类。

```
#include <iostream.h>
#include <string.h>
class Person
{
  private:
    char name[20];
    int age;
    char sex;
    char telephon[10];
 public:
    Person(char na1[],int x,char ch1,char tel1[10]);
    void show_P1();
```

```
        void show_P2();
    };
    class Student:public Person
    {
      private:
        int number_S;
        char className[20];
      public:
        Student(char na2[20],int y,char ch2,char tel2[10],int num1,char claName
[20]);
        void show_S();
    };
    class Teacher:public Person
    {
      private:
       int number_T;
       char office[20];
      public:
        Teacher (char na3[20], int z, char ch3, char tel3[10], int num2, char offi
[20]);
        void show_T();
    };
    Person::Person(char na1[],int x,char ch1,char tel1[10])
    {
      strcpy(name,na1);
      age=x;
      sex=ch1;
      strcpy(telephon,tel1);
    }
    void Person::show_P1()
    {
       cout<<"姓名\t 年龄\t 性别\t 电话\t\t";
    }
    void Person::show_P2()
    {
       cout<<name<<"\t"<<age<<"\t"<<sex<<"\t"<<telephon<<"\t";
    }
    Student::Student(char na2[20], int y, char ch2, char tel2[10], int num1, char
claName[20]):Person(na2,y,ch2,tel2)
    {
      number_S=num1;
      strcpy(className,claName);
    }
    void Student::show_S( )
    {
```

```
    show_P1( );
    cout<<"学号\t 班级\n";
    show_P2();
    cout<<number_S<<"\t"<<className<<endl<<endl;
  }
  Teacher::Teacher(char na3[20],int z,char ch3,char tel3[10],int num2,char offi
[20]):Person(na3,z,ch3,tel3)
  {
   number_T=num2;
   strcpy(office,offi);
  }
  void Teacher::show_T()
  {
    show_P1();
    cout<<"职工号\t 科室\n";
    show_P2();
    cout<<number_T<<"\t"<<office<<endl<<endl;
  }
  void main()
  {
    Student st("张三",20,'M',"13842424242",00001,"计算机科学与技术");
    Teacher te("李四",36,'F',"13025252525",2023,"计算机应用技术");
    st.show_S();
    te.show_T();
  }
```

运行结果为：

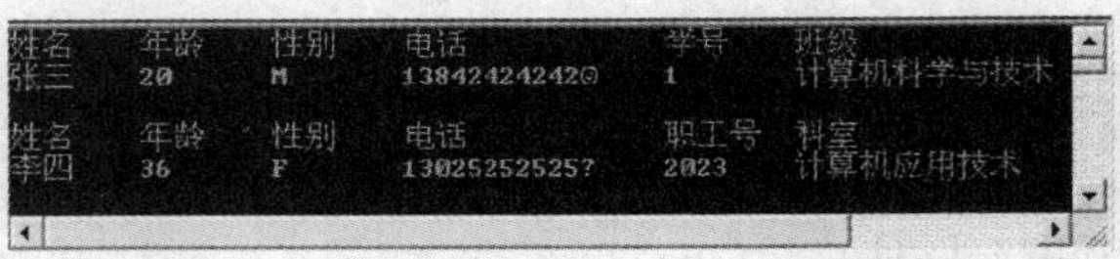

6.2.2 多重继承

1. 多重继承的定义

实际上，多重继承就是单重继承的进一步扩展，也就是允许派生类具有一个以上的基类，即多重继承可以看成是由多个单重继承构成的。多重继承下，既允许一个派生类有多个基类，也允许一个类作为多个派生类的基类。因此，多重继承机制将可能使基类和派生类的关系构成如图 6-3 所示的结构图。

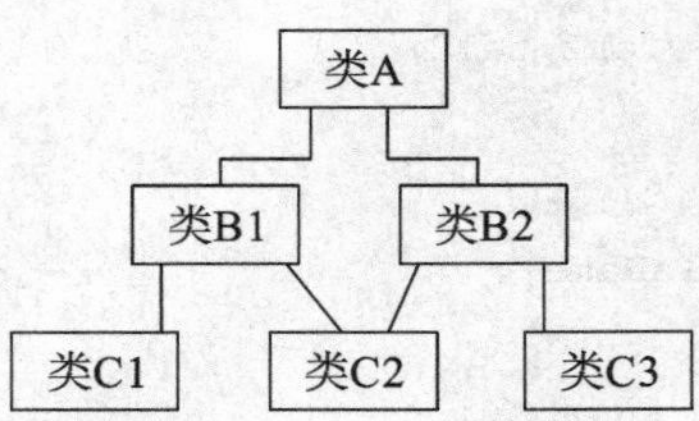

图 6-3 多重继承基类与派生类之间关系图

单重继承机制可以表示现实世界中大多数客观事物之间的联系关系，然而现实世界中还存在派生类由多于一个基类继承产生的情况。虽然理论分析表明，派生类由多个基类产生的情况，可以分解为若干个派生类由一个基类产生的情况。但是，这样的分解过程比较麻烦，若分解不当，还可能导致出错。支持多重继承机制的面向对象语句将使程序设计人员能方便地解决派生类的多重继承问题。多重继承派生类声明的格式如下。

```
class 派生类名:继承方式 基类名 1,继承方式 基类名 2,…,继承方式 基类名 n
{
 ……                          //派生类新增成员
};
```

【例 6-7】 多重继承的应用案例。

```
#include<iostream.h>
class Base1
{
 protected:
    int m_B1;
 public:
    void Setm_B1(int x)
       { m_B1=x;}
};
class Base2
{
 protected:
    int m_B2;
 public:
    void Setm_B2(int x)
       { m_B2=x;  }
};
class MultiDerived:public Base1,public Base2
{
 public:
    void GetB1B2(void)
     {
       int Result;
       Result=m_B1+m_B2;
       cout<<"m_B1+m_B2="<<Result<<endl;
     }
};
void main(void)
{
 MultiDerived M;
 M.Base1::Setm_B1(15);
 M.Base2::Setm_B2(45);
 M.GetB1B2();
}
```

运行结果为：

```
m_B1+m_B2=60
```

2. 多重继承的构造函数和析构函数

在多重继承中派生类有多个基类，所以在构造派生对象时，就需要分别调用各个基类的构造函数为基类的数据成员初始化。需要特别注意的是：当一个派生类同时有多个基类时，对于所有需要对参数进行初始化的基类，都要显示给出基类名和参数表。对于使用默认构造函数的基类，可以不给出类名。同样，对于对象成员，如果是使用默认构造函数，也不需要写出对象名和参数表。

此外，类的继承有直接继承和间接继承两种。例如，类 A 继承类 B，类 B 继承类 C，则类 A 就间接继承类 C，也就是说，类 C 是类 A 的间接基类。在调用构造函数时，间接基类的构造函数最先被调用，接下来是直接基类的构造函数被调用，最后是继承类的构造函数。析构函数的调用顺序正好是相反的。多重继承派生类的构造函数的格式如下。

```
派生类名::派生类名(<参数表 1>,<参数表 2>,…):基类名 1(<参数表 1>),基类名 2(<参数表 2>),……
{
  ……                          //派生类成员
}
```

多重继承的派生类构造函数的执行顺序如下。

(1) 按照声明的顺序(从左至右)依次调用各个基类的构造函数。

(2) 按照数据成员的声明顺序依次调动数据成员的构造函数或初始化数据成员。

(3) 执行派生类构造函数的函数体。

多重继承的析构函数调用顺序与构造函数的调用顺序正好相反，执行情况如下。

(1) 调用派生类的析构函数。

(2) 按照内嵌对象声明的相反顺序依次调用内嵌对象的析构函数。

(3) 按照基类声明的相反顺序调用各基类的析构函数。

【例 6-8】 多重继承构造函数调用的应用案例。

```
#include <iostream.h>
class First                      //定义基类 First
{
  public:
    First()  {cout<<"First is intialized"<<endl;}
    ~First()  {cout<<"First is destructed"<<endl;}
};
class Second:public First             //定义派生类 Second
{
  public:
    Second()   {cout<<"Second is intialized"<<endl;}
    ~Second()  {cout<<"Second is destructed"<<endl;}
};
class Third:public Second           //定义最底层派生类 Third
{
  public:
```

```
        Third()   {cout<<"Third is intialized"<<endl;}
        ~Third()  { cout<<"Third is destructed"<<endl;}
    };
    void main()                    //main()函数中测试构造函数和析构函数的执行情况
    {
      Third t1;
      cout<<"----------using t1-------------"<<endl;
    }
```

运行结果为：

```
First is intialized
Second is intialized
Third is intialized
----------using t1----
Third is destructed
Second is destructed
First is destructed
```

【例 6-9】 多重继承的派生类构造函数和析构函数调用顺序说明案例。

```
#include <iostream.h>
class Base1
{
  private:
    int x1;
  public:
    Base1(int i)
     { x1=i;cout<<"Constructor Base1 is called "<<x1<<endl;}
    ~Base1() {cout<<"Destructor Base1 is called"<<endl;}
};
class Base2
{
  private:
     int x2;
  public:
    Base2(int j)
      {x2=j;cout<<"Constructor Base2 is called "<<x2<<endl;}
    ~Base2() {cout<<"Destructor Base2 is called"<<endl;}
};
class Base3
{
  private:
    int x3;
  public:
    Base3(int k=0)
      {x3=k;cout<<"Constructor Base2 is called "<<x3<<endl;}
    ~Base3() {cout<<"Destructor Base3 is called"<<endl;}
};
class Derived:public Base3,public Base2,public Base1
{
```

```
  private:
    int x4;
    Base1 obj1;
    Base2 obj2;
    Base3 obj3;
  public:
    Derived(int i,int j,int k,int m,int n):obj3(m),obj2(k),obj1(j),
Base2(i),Base1(j)
    {
      x4=n;
      cout<<"Constructor Derived is called "<<x4<<endl;
    }
    ~Derived() {cout< < "Destructor Derived is called"< < endl;}
};
void main()
{
  Derived obj(1,2,3,4,5);
}
```

运行结果为：

```
Constructor Base3 is called 0
Constructor Base2 is called 1
Constructor Base1 is called 2
Constructor Base1 is called 2
Constructor Base2 is called 3
Constructor Base3 is called 4
Constructor Derived is called 5
Destructor Derived is called
Destructor Base3 is called
Destructor Base2 is called
Destructor Base1 is called
Destructor Base1 is called
Destructor Base2 is called
Destructor Base3 is called
```

说明：(1) 第一步调用基类 Base3 的构造函数，参数值为默认值 k=0。

(2) 第二步调用基类 Base2 的构造函数，参数值为 i=1。

(3) 第三步调用基类 Base1 的构造函数，参数值为 j=2。

(4) 第四步调用内嵌对象 obj1 的构造函数 Base1，参数值为 j=2。

(5) 第五步调用内嵌对象 obj2 的构造函数 Base2，参数值为 k=3。

(6) 第六步调用内嵌对象 obj3 的构造函数 Base3，参数值为 m=4。

(7) 第七步开始执行派生类 Derived 本身的构造函数。

(8) 离开主函数，需要撤销对象 obj，调用析构函数，调用析构函数的顺序与调用构造函数的顺序正好相反。

注意：执行基类构造函数的顺序取决于定义派生类时基类的顺序，与在派生类中构造函数的成员初始化列表中的顺序无关。

3. 二义性

从上述章节中，可以了解到在继承中一个派生类的成员包括了它的所有基类的成员（包括数据成员和函数成员），在这个新建的派生类中，存在同名成员的现象是不可避免的。当想使用其中一个成员，但是因为名称相同而不能确定具体的实际目标是哪个成员时，就产生了二义性。例如：

1）基类中存在同名成员

```
class A
{
  public:
    int x;
    A(int a){ x=a;}
    ……
};
class B
  {
  public:
    int x;
    B(int b){x=b;}
    ……
};
class C:public A,public B
{
    int y;
  public:
    void set(int a,int b)
     {
       x=a;
       y=b;
     }
    ……
};
```

在这个代码段中，基类 A 和基类 B 拥有同名成员 x，在派生类 C 中要访问 x，这时不能确定此时的 x 是类 A 中的还是类 B 中的，这就出现了二义性。要想解决这个二义性问题，即需要在成员名前加上类名，用以唯一的标识确定该成员所属的类。上述类 C 代码处可以修改如下。

```
class C:public A,public B
{
    int y;
  public:
    void set(int a,int b)
     {
       A::x=a;                //或者 B::x=a;
       y=b;
```

```
        }
        ……
};
```

2）基类与派生类出现同名成员

当基类和派生类出现同名成员时，默认情况下访问的是派生类中的成员，若想访问基类中的成员，则需要加上类名来标识成员的所属类。

```
class A
{
  public:
   int x;
   A(int a){ x=a;}
   ……
};
class B:public A
{
  public:
    int x;
    B(int b){x=b;}          //此处访问的是派生类中的 x,若改为 A::x=b,则
                            //访问的是基类 A 中的 x
    ……
};
```

3）访问共同基类的成员时可能出现二义性

```
class A
{
  public:
   int x;
   A(int a){ x=a;}
   ……
};
class B1:public A
{
   ……
};
class B2:public A
{
   ……
};
class C:public B1,public B2
{
   int y;
   public:
     void set(int num1,int nmu2){x=num1;y=num2;}
     ……
};
```

其中，类 C 中的 x，就无法确定是类 B1 中的 x，还是类 B2 中的 x，因此产生歧义。解决歧义的办法也可以通过在 x 前面加上类名的方法，明确指定该成员所属于的类。但是，类 A 是派生类 C 的两个基类的公共基类，因此这个公共基类中的成员会在派生类中产生两份基类成员，如果要想这个公共基类在派生类中只产生一份基类成员，则需要将该类设置为虚基类，在 6.3 节中会详细介绍虚基类的问题。

6.3 虚基类

编程过程中，一般程序员不希望在一个派生类中，存在某个公有基类的多个同名的成员变量。虽然也可以通过在成员变量名前加上"类名::"消除其二义性，但解决这个问题的最好方法是使用虚基类。虚基类方法可以保证在任何一个存在公共基类的派生类中，不会存在一个以上的同名成员变量。

6.3.1 虚基类的概念

虚基类，是指在一个类层次中，如果某个派生类存在一个公共基类，则系统只考虑最原始的那一个公共基类。因此，虚基类方法可以消除成员变量的二义性问题。虚基类方法的设计步骤如下。

(1) 当一个基类有多余的一个派生类时，为防止可能出现的成员变量二义性问题，在声明这些派生类时，在继承方式前加上 virtual 关键字。这样定义的派生类，如果再作为基类产生派生类时，系统就只分配一个成员变量的内存空间，因而不会出现成员变量的二义性问题。

(2) 对于派生类中公共基类的子对象，必须由派生类直接初始化。

虚基类的说明格式如下。

```
virtual 继承方式 基类名
```

6.3.2 虚基类的构造函数和析构函数

在前面的内容中提到过，为了初始化基类的子对象，派生类的构造函数要调用基类的构造函数。对于虚基类来讲，由于派生类的对象中只有一个虚基类子对象，为了保证虚基类子对象只被初始化一次，则这个虚基类构造函数必须只被调用一次。

由于继承结构的层次可能很深，故规定将在建立对象时所指定的类称为最派生类。C++ 规定，虚基类子对象是由最派生类的构造函数通过调用虚基类的构造函数进行初始化的。如果一个派生类有一个直接或间接的 C++ 虚基类，那么，派生类的构造函数的成员初始列表中必须列出对虚基类构造函数的调用。如果未被列出，则表示使用该虚基类的默认构造函数来初始化派生类对象中的虚基类子对象。

从虚基类直接或间接继承的派生类中的构造函数的成员初始化列表中，都要列出这个虚基类构造函数的调用。但是，只有用于建立对象的那个最派生类的构造函数才会调用虚基类的构造函数。而该派生类的基类中所列出的对这个虚基类的构造函数调用在执行中被忽略，这样便保证了对虚基类的对象只初始化一次。C++ 中又规定，在一个成员初始化列表中出现对虚基类和非虚基类构造函数的调用时，则 C++ 虚基类的构造函数先于非虚基类的构造函数执行。

【例 6-10】 虚基类的构造函数应用案例。

```
#include <iostream.h>
class A
{
  public:
     A(const char *s)
      {cout<<s<<endl;  }
     ~A() {}
};
class B:virtual public A
{
  public:
     B(const char *s1,const char *s2):A(s1)
      {cout<<s2<<endl;}
};
class C:virtual public A
{
  public:
     C(const char *s1,const char *s2):A(s1)
      {cout<<s2<<endl;}
};
class D:public B,public C
{
  public:
  D(const char *s1,const char *s2,const char *s3,const char *s4):B(s1,s2),C
(s1,s3),A(s1)
      {cout<<s4<<endl;  }
};
void main()
{
  D *ptr= new D("class A","class B","class C","class D");
  delete ptr;
  ptr= NULL;
}
```

运行结果为：

```
class A
class B
class C
class D
```

说明：在派生类B和C中使用了虚基类，使得建立的D类对象只有一个虚基类子对象。在派生类B,C,D的构造函数的成员初始化列表中都包含了对虚基类A的构造函数。在建立类D对象时，只有虚基类D的构造函数的成员初始化列表中列出的虚基类构造函数被调用，并且仅调用一次，而类D基类的构造函数的成员初始化列表中列出的虚基类构造函数不被执行。

6.4 多态性

面向对象程序设计的一个重要特征是多态性。多态性是指相同的对象收到相同的消息时，或不同的对象收到相同的消息时，产生不同的处理结果。面向对象技术的多态性反映了客观世界的多样性。多态性体现在面向对象程序设计的许多方面并提供了设计的灵活性，因而也增强了类模块的通用性。

在前面章节中介绍过类的成员函数的重载问题，事实上，重载就是一种多态性。重载使得一个对象调用相同的成员函数时，会由于参数个数不同或参数类型不同，而产生不同的调用结果。

类具有继承性，派生类既可以继承基类中定义过的成员函数，也可以覆盖基类中定义过的成员函数，因此，当派生类对象调用一个成员函数时，就会因为派生类中是否覆盖了基类中定义过的成员函数而有不同的调用结果。另外，派生类还可以重载基类中定义过的成员函数，这样，派生类对象调用一个成员函数时，就会由于参数个数不同或参数类型不同而产生不同的调用结果。

但是，在程序设计时，仅仅通过派生类是否覆盖基类定义过的成员函数提供的多态性是不够的。对一个类层次来说，同样一个成员函数的调用，如果程序中动态确定的对象不同，则调用的成员函数就不同。这样的多态性能提供程序设计更大的灵活性，称其为运行时的多态性。

另外，面向对象技术支持的多态性还包括参数多态性。参数多态性是指用参数方法决定一个类的数据类型。其中，C＋＋语言用模板方法实现参数多态性。

归纳起来，面向对象技术支持的多态性主要包括以下四种。

（1）同一个类中成员函数重载实现的多态性。

（2）派生类对基类成员函数是否覆盖实现的多态性，以及派生类对基类成员函数是否重载实现的多态性。

（3）运行时的多态性，即对一个类层次来说，动态确定的类层次中的对象不同，则对象调用的成员函数不同。

（4）参数多态性，即用参数方法决定一个类的数据类型。

【例 6-11】 多态的应用案例。

```
#include <iostream.h>
class A
{
  public:
    void foo()
      { cout<<"A::function foo"<<endl;}
   virtual void fuu()
      { cout<<"A::function fuu"<<endl;}
};
class B:public A
{
  public:
    void foo()
```

```
        { cout<<"B::function foo"<<endl;}
      void fuu()
        { cout<<"B::function fuu"<<endl;  }
};
void main()
{
   A a;
   B b;
   A *p= &a;
   p->foo();
   p->fuu();
   p= &b;
   p->foo();
   p->fuu();
}
```

运行结果为：

```
A::function foo
A::function fuu
A::function foo
B::function fuu
```

6.5 虚函数

在 6.4 节中，已经介绍了在 C++语言中，多态性分为编译时的多态性和运行时的多态性。编译时的多态性通过函数重载或运算符重载来实现，运算符重载本质上是函数重载。重载的函数根据调用时给出的实参类型或个数，在程序编译时就可确定调用哪个函数。运行时的多态性是指在程序执行前，根据函数名和参数无法确定应该调用哪个函数，则必须在程序的执行过程中，根据具体的执行情况来动态确定。它通过类的继承关系和虚函数来实现，主要用来建立实用的类层次体系结构、设计通用程序。

6.5.1 虚函数的定义

类中的非静态成员函数可以定义为虚函数。虚函数首先是基类中的成员函数，其定义格式如下。

```
virtual 函数类型  虚函数名(参数列表)
{
  ……                          //函数体
}
```

其中，virtual 指明该函数是虚函数。此外，虚函数还有以下特性。

(1) 继承性：若某类有某个虚函数，则在它的派生类中，该虚函数均保持虚函数特性。

(2) 可重定义：若某类有某个虚函数，则在它的派生类中还可重定义该虚函数，此时不用 virtual 修饰，仍保持虚函数特性，但为了提高程序的可读性，通常要用 virtual 来修饰。应该强调，在派生类中重新定义虚函数时，必须与基类的同名虚函数的参数个数、参数类型及返回值类型完全一致，否则属于重载。

在定义虚函数时需要遵守以下规则。

(1) 只有成员函数才能声明为虚函数,普通函数和友元函数都不可以声明为虚函数。

(2) 虚函数的声明只能出现在类声明中的函数原型声明中,而不能出现在成员函数的函数体上。

(3) 因为静态成员函数不受某个对象的限制,所以类的静态成员函数不可以定义为虚函数。

(4) 因为虚函数作为运行过程中多态的基础,主要是针对对象的,所以类的构造函数不可以定义为虚函数。

(5) 类的析构函数可以定义为虚函数,而且通常都是声明为虚函数的。

(6) 因为内联函数不能在运行中动态确定其位置,所以内联函数也不能声明为虚函数。

(7) 如果虚函数在基类与派生类中出现,仅仅是名字相同,而形式参数不同,或者是返回类型不同,那么,即使加上了 virtual 关键字,也是不会进行滞后联编的。

【例 6-12】 虚函数的应用案例。

```
#include <iostream.h>
class Base
{
 private:
   int x,y;
 public:
   Base(int a,int b)
    {
      x= a;
      y= b;
    }
   virtual void print()
    {
      cout<<"Base--------\n";
      cout<<x<<"      "<<y<<endl;
    }
};
class Derived:public Base
{
 private:
      int z;
 public:
   Derived(int a,int b,int c):Base(a,b)
      {z= c;}
 void print()
  {
   cout<<"Base--------\n";
   cout<<"z="<<z<<endl;
  }
};
```

```
void main()
{
  Base ba(40,50);
  Derived bd(10,20,30);
  ba.print();
  bd.print();
}
```

运行结果为：

```
Base--------
40       50
Base--------
z=30
```

6.5.2 虚函数与多态性

【例 6-13】 虚函数与多态性的应用。

```
#include <iostream.h>
class A{
   protected:
     int x;
   public:
     A() {x=1;}
    virtual void print( ){cout<<"x="<<x<<"\t";}
};
class B:public A{
   private:
    int y;
   public:
    B() {y=2;}
    void print() {cout<<"y="<<y<<endl;}
};
void main()
 {  A a,*pa;
   B b;
   a.print();
 (1)b.print();
   pa=&a;
 (2)pa->print();
   pa=&b;
   pa->print();
}
```

说明：(1) 第一行，b 是派生类对象。对于 b. print 函数的调用，在编译时，根据对象名和优先规则即可确定所调用的 print 函数为派生类 B 中重定义的 print 函数，与 print 函数是否是虚函数无关，体现的是编译时的多态性。

(2) 第二行，将派生类的对象 b 的指针赋给基类的指针变量 pa，符合赋值兼容规则。执行“pa—>print();”,因为 print 函数为基类中的虚函数并在派生类中重定义,此时实际调用的是派生类中重定义的虚函数 print 函数,而不是基类中的虚函数 print 函数,体现的是运行时的多态性。

运行时多态性与虚函数的说明如下。

(1) 使用基类类型的指针变量(或基类类型的引用),使该指针指向派生类的对象(或该引用时派生类的对象的别名),并通过指针(或引用)调用指针(或引用)所指(或所关联)对象的虚函数才能实现运行时的多态性。

(2) 若派生类中没有重新定义基类的虚函数时,当调用这种派生类对象的虚函数时,则调用其基类中的虚函数。

(3) 不能将构造函数定义为虚函数,但通常把析构函数定义为虚函数,以便通过运行时的多态性,正确释放基类及其派生类申请的动态内存。

(4) 虚函数与一般成员函数相比,调用时的执行速度要慢一些。其原因是:为了实现运行时多态性,在每个派生类中均要保存相应虚函数的入口指针表,虚函数的调用也是间接实现的。

6.5.3 虚函数的特殊性

【例 6-14】 成员函数调用虚函数。

```
#include <iostream.h>
class A{
  public:
     void  f1()  {cout<<"A::f1\t";f2();}
     virtual void f2() {cout<<"A::f2\t";f3();}
     void f3() {cout<<"A::f3"<<endl;}
};
class B:public A{
  public:
     void f2()  {cout<<"B::f2\t";f3();}
     void f3() {cout<<"B::f3"<<endl;}
};
void main()
{
   B b;
   b.f1();
}
```

运行结果为:

```
A::f1  B::f2   B::f3
```

说明:在调用成员函数时,都隐含 this 指针,在本例的分析中确定 this 指针的类型至关重要。在 main 函数中,执行 b. f1 函数,先调用基类 A 中的 f1 函数,f1 函数中又调用了 f2 函数。类 A 中的 f2 函数可用含 this 指针的等价形式表示如下。

```
void A::f1() {cout<<"A::f1\t";this->f2();}
```

注意：此处 this 指针指向基类对象，其类型为“A * const this;”，即 this 指针时基类类型。另外，f2 函数是基类 A 的虚函数，又在派生类 B 中重定义，因此，执行“this－＞f2();”语句必然引发运行时多态性，即调用的是“B::f2()”，而不是“A::f2()”。

【例 6-15】 在构造函数中调用虚函数。

```
#include <iostream.h>
class A{
  public:
    A()  {f();}
    virtual void f() {cout<<"A::f\t";}
};
class B:public A{
  public:
    B()  { f();}
    void f() {cout<<"B::f"<<endl;}
};
void main()
 {  B b;  }
```

运行结果为：

```
A::f   B::f
```

说明：由于 main 函数中创建派生类 B 的对象 b 时，首先调用基类 A 的构造函数来完成对象 b 中继承自基类 A 的成员的初始化，然后调用派生类 B 的构造函数来完成对象 b 中 B 类自定义的成员的初始化。因此，在基类 A 的构造函数中所调用的虚函数 f 函数不可能是派生类 B 中重定义的 f 函数，只能是本类 f 函数或上一级基类的 f 函数。

6.5.4 纯虚函数

在定义基类时，有时只能抽象出虚函数的原型，而无法定义其实现，因为其实现依赖于它的派生类。这时，可把基类中的虚函数定义为纯虚函数。定义纯虚函数的格式如下。

```
virtual 类型说明符  函数名(参数列表)=0;
```

注意：(1) 纯虚函数是在基类中声明，其功能实现不能在类内定义，可在类外或其派生类中定义。

(2) 虚函数名赋值为 0，与函数体为空不同，赋值为“0”是为了说明在基类中不用定义该函数。在未定义其实现之前，不能调用这种函数。

(3) 含有纯虚函数的类肯定是抽象类，因为虚函数没有实现部分，不能产生对象。但可定义抽象类型的指针(或引用)，以便用这种基类类型的指针变量指向其派生类的对象(或用这种基类类型的引用变量关联其派生类的对象)时，调用其派生类重定义的纯虚函数，引发运行时的多态性。

(4) 如果必须使用派生类来创建对象，每个派生类中必须包含每个从基类中继承而来的纯虚函数的函数定义。

【例 6-16】 纯虚函数的应用。

```
#include <iostream.h>
class A{
    protected:
        int x;
    public:
        A()  {x=1000;}
        virtual void print()=0;
};
void A::print()  {cout<<"x="<<x<<endl;}
class B:public A{
    private:
        int y;
    public:
        B()  {y=2000;}
        void print() {cout<<"y="<<y<<endl;}
};
void main()
  { B  b;
    A *pa=&b;
    pa->print();
    pa->A::print();
}
```

运行结果：

```
y=2000
x=1000
```

6.6 抽象类

面向对象程序设计中，常常把一些性质相似的对象类中的共同成员抽取出来，作为它们共同的基类。有时这种基类并没有具体的对象相对应，我们把没有具体对象存在的类称做抽象类。抽象类是只能做基类派生新类而不能定义对象的类。若类的构造函数或析构函数的访问权限为 protected，则此类为抽象类。因为在定义此类的对象时，在类外需要调用该类的构造函数，而构造函数是私有的，故无法调用构造函数产生此类的对象。同样，当把类的析构函数的访问权限声明为 protected，并且在撤销对象时也要在对象外调用析构函数，故也不允许这种调用。但公有继承抽象类派生类时，在派生类中可调用抽象类的保护成员，原因是公有继承的抽象类的保护成员在派生类中可像公有成员一样使用。因此，在产生派生类的对象或撤销派生类的对象时，允许在派生类的构造函数中调用抽象类的构造函数，或者在派生类析构函数中调用抽象类的析构函数。

含有纯虚函数的类为抽象类。若把类中的构造函数或析构函数声明为 private，这样的类无实用价值，因它既不能产生对象，也不能产生派生类。抽象类在建立类的树形结构中有重要的作用。C＋＋语言中用纯虚函数方法设计抽象类，抽象类一般都是类层次中的基类。

在以下三种情况下，可以把基类设计成抽象类。

(1) 从各个派生类中抽取共同成员构成的基类只对应一个抽象对象概念。

(2) 当一组对象类中成员变量定义基本没有相同之处，成员函数实现的定义不同但概念类相同时，可以在这组对象类之上再设计一个抽象类。一方面，该抽象类作为这组对象类统一的根，把它们组织在了一个类层次中；另一方面，该抽象类中定义的纯虚函数为这组对象类提供了统一的公共接口。

(3) 为了运行时的多态性程序设计的需要。此时可以在类层次的根部再增加一个抽象类作为新的根，抽象类中把所有希望按滞后联编方式调用的成员函数均定义为纯虚函数。这样，就可以利用赋值兼容规则，通过抽象类的对象指针来动态指向该类层次中的任何一个派生类对象，从而实现运行时的多态性。

【例 6-17】 抽象类的应用案例。

```
#include <iostream.h>
class shape{
  public:
     virtual void draw()=0;
};
class rectangle:public shape{
  public:
     void draw() {cout<<"绘制矩形"<<endl;}
};
class circle:public shape{
  public:
     void draw() {cout<<"绘制圆形"<<endl;}
};
void main()
{
  shape *p;
  p=new rectangle();
  p->draw();
  p=new circle();
  p->draw();
}
```

运行结果为：

```
绘制矩形
绘制圆形
```

说明：主函数中，同样是语句 p－＞draw 函数，但由于对象指针 p 当前指向的对象不同，并且由于基类 shape 中把成员函数 draw 函数设计成纯虚函数，派生类中又覆盖了纯虚函数，所以，语句 p－＞draw 函数会因指针 p 当前指向的对象不同而有不同的结果。

注意：(1) C＋＋语言中规定，当一个类层次的基类中定义有纯虚函数时，如果它的某个派生类中不覆盖该纯虚函数，则该派生类仍被认为是抽象类。

(2) 不能在一个以非抽象类产生的派生类中定义纯虚函数。

(3) 纯虚函数也属于虚函数。所以如果在基类中定义了一个纯虚函数形式的成员函数，则派生类中覆盖该成员函数时，前面加或不加关键字 virtual 均可以，都标明该成员函数是虚函数。

本章小结

本章主要从类的继承、派生以及多态性等方面详细介绍了面向对象的特点，并重点介绍了类的继承种类以及应用，多态和虚函数之间的关系，及具体应用。

习 题 6

一、选择题

1. 在公有派生情况下，下列叙述不正确的是（ ）。

A. 派生类的对象可以赋给基类的对象

B. 派生类的对象可以初始化基类的引用

C. 派生类的对象可以直接访问基类中的成员

D. 派生类的对象的地址可以赋给指向基类的指针

2. 在公有派生方式下，基类成员在派生类中的访问权限是（ ）。

A. 受限制　　B. 保持不变　　C. 不受限制　　D. 不受保护

3. 无论采用何种继承方式，基类中的（ ）在派生类中是不可访问的。

A. 公有成员　　B. 保护成员　　C. 静态成员　　D. 私有成员

4. 在私有派生方式下，基类中的公有成员成为派生类的（ ）。

A. 公有成员　　B. 保护成员　　C. 静态成员　　D. 私有成员

5. 设置虚基类的目的是（ ）。

A. 消除二义性　　B. 提高运行效率　　C. 简化程序　　D. 提高代码可读性

6. 若派生类对象 p 可以用 p.a 的形式访问基类成员 a，则 a 是（ ）。

A. 公有派生的公有成员　　B. 公有派生的私有成员

C. 私有派生的公有成员　　D. 私有派生的保护成员

7. 下列定义派生类正确的是（ ）。

A. class B public:A{ };　　B. class public:B A{ };

C. class public B:A{ };　　D. class B:public A{ };

8. 在派生类中的重新定义虚函数时不需要在（ ）方面与基类保持一致。

A. 虚函数可以是 static 类型的函数

B. 虚函数可以是非成员函数

C. 基类中说明了虚函数后，派生类中对应的函数可不必说明为虚函数

D. 派生类的虚函数与基类的虚函数可具有不同的返回类型

9. 下列叙述不正确的是（ ）。

A. 纯虚函数是一种特殊的虚函数，它没有具体的实现

B. 纯虚函数是一种特殊的虚函数，它必须有具体的实现

C. 抽象类至少包含一个纯虚函数

D. 抽象类不能用于创建对象

10. 以下函数表示纯虚函数的是（ ）。

A. virtual int a(){}=0;　　B. virtual int a()=0;

C. int a()=0;　　D. virtual int a();

11. 下列叙述不正确的是（ ）。

A. 定义静态数据成员时前面要加修饰符 static

B. 静态数据成员要在类体外进行初始化

C. 引用静态数据成员时,要在静态数据成员名前加类名和作用域修饰符

D. 静态数据成员不是同一类的所有对象所共有的

12. 下列叙述不正确的是(   )。

A. 一个类的友元函数不可直接访问该类的私有成员

B. 使用友元函数的目的是提高程序的运行效率

C. 友元函数的使用在一定的程序上破坏了数据的封装性

D. 使用一个类的友元函数可直接访问该类的保护成员

二、填空题

1. 面向对象程序设计的________机制提供了重复利用程序的一种途径。若从类 A 中派生出类 B,则类 A 称为________类,类 B 称为________类。

2. 若类 B 是类 A 的私有派生类,类 C 是类 B 的公有派生类,则类 C 的对象________直接访问类 A 的公有成员。

3. 类继承中,默认的继承方式是________。

4. 下列程序的运行结果是________。

```
#include <iostream.h>
class A{
  public:
int  n;
};
class B:virtual public A{  };
class C:virtual public A{};
class D:public B,public C{ };
void main()
{
  D d;
  d.B::n=10;
  d.C::n=20;
  cout<<d.B::n<<"\t"<<d.A::n<<endl;
}
```

5. 下列程序的第 1 行输出结果是________,第 2 行输出的结果是________。

```
#include <iostream.h>
class A{
 public:
  int a;
  A() {cout<<"BA"<<endl;
};
class B::A{
  int b;
  public:
```

```
    B():A(){cout<<"AB"<<endl;}
    };
    void main()
    {
      B  b;
    }
```

6. 运行时的多态性是通过继承和________来实现的。用________声明的函数称为虚函数。

7. C++的两种多态性分别是________多态性和________多态性。

8. 下列程序的输出结果第1行是________，第2行是________，第3行是________，第4行是________。

```
#include <iostream.h>
class A{
  public:
virtual void func1() {cout<<"A.func1"<<endl;}
void func2() {cout<<"A.func2"<<endl;}
};
class B:public A{
  public:
      void func1()  {cout<<"B.func1"<<endl;}
      virtual void fun2()  {cout<<"B.fun2"<<endl;}
};
class C:public B{
  public:
    void func1()  {cout<<"C.func1"<<endl;}
    void func2()  {cout<<"C.func2"<<endl;}
};
void main()
{
  A *a;B b;C c;
  a=&b;  a->func1();  a->func2();
  a=&c;  a->func1();  a->func2();
}
```

9. 下列程序的输出结果是________。

```
#include <iostream.h>
class one{
int a;
static int b;
public:
  one(int x) {a=x;b+=a;}
  void show() {cout<<b<<"\t";}
};
int one::b=10;
void main()
```

```
{
  one e(20);e.show();
  one e1(300);e1.show();
  cout<<endl;
}
```

三、读程序写结果

1. 程序如下。

```
#include <iostream.h>
class CWorm
{
  protected:
    void* m_hImage;
    bool LoadBmp(const char *pszBmpName)
       {return m_hImage!=NULL;}
  public:
virtual void Draw()
   {cout<<"CWorm::Draw()"<<endl;}
};
class CAnt:public CWorm
{
 public:
void Draw()
   {cout<<"CAnt::Draw()"<<endl;}
};
class CSpider:public CWorm
{
  public:
void Draw()
   {cout<<"CSpider::Draw()"<<endl;}
};
void main()
{
   CWorm *pWorm;
   CAnt ant;
   CSpider spider;
   pWorm=&ant;
   pWorm->Draw();
   pWorm=&spider;
   pWorm->Draw();
   CWorm &wormAlias=ant;
   wormAlias.Draw();
   CWorm worm;
   worm=ant;
   worm.Draw();
}
```

输出结果为：

2. 程序如下。

```
#include <iostream.h>
Class CWorm
{
  public:
    virtual void Draw()
      {cout<<"CWorm::Draw()"<<endl;}
    virtual  ~ CWorm()
      {cout<<"CWorm::~CWorm()"<<endl;}
};
class CAnt:public CWorm
{
 public:
    void Draw()
      {cout<<"CAnt::Draw()"<<endl;}
    ~CAnt()
      { cout<<"CAnt::~CAnt()"<<endl;}
};
void main()
{
   CWorm *pWorm=new CAnt;
   pWorm->Draw();
    delete pWorm;
}
```

输出结果为：

3. 程序如下。

```
#include <iostream.h>
class CWorm
{
  public:
    virtual void Draw()=0;
};
class CAnt:public CWorm
{
  public:
    void Draw()
      {cout<<"Cant::Draw()"<<endl;}
};
void main()
{
   CWorm *pWorm;
   pWorm=new CAnt;
   pWorm->Draw();
   delete pWorm;
}
```

输出结果为：

四、编写程序

声明一个 Employee 类，在此基础上派生出 Manager 类和 Supervior 类。其中，类 Employee 的组成包括：①两个数据成员：名字、每个小时的工资；②1 个构造函数、3 个函数成员用于读数据成员和计算雇员的工资。

类 Manager 的新成员包括：①1 个数据成员：付固定薪水；②1 个构造函数、2 个函数成员用于读数据成员和计算雇员的工资。

类 Supervior 的新成员包括：①1 个数据成员：奖金；②1 个构造函数、2 个函数成员用于读数据成员和计算雇员的工资。

第7章 运算符重载

在C++程序运行时，其多态性主要是通过虚函数来实现的，而编译时的多态性是由函数重载和运算符重载来实现的。本章主要介绍C++语言中有关运算符重载方面的内容。重载运算符是C++语言的一个特性，使得程序员可以把C++语言中的一定运算符的定义扩展到运算分量是对象的情况。运算符重载的目的是为了使C++语言代码更直观、易读。

7.1 运算符重载概述

函数重载是指允许多个功能类似的函数使用同一函数名。因此，当一个对象收到两个或两个以上的相同消息时，会因调用函数的参数个数不同或参数类型不同而有不同的操作结果。运算符重载是对已有的运算符赋予多重含义，使同一个运算符作用于不同类型的数据导致不同行为的发生。例如：

```
#include <iostream.h>
void main()
{ int i,i1=10,i2=10;
  i=i1+i2;
  cout<<"i1+i2="<<i<<endl;
  double d,d1=10.0,d2=20.0;
  d=d1+d2;
  cout<<"d1+d2="<<d<<endl;
}
```

在这个程序里运算符“+”既完成两个整型数据的加法运算，又完成了双精度型数据的加法运算。为什么同一个运算符“+”可以用于完成不同类型的数据的加法运算？这是因为C++语言中针对预定义基本数据类型已经对“+”运算符做了适当的重载。在编译程序中的不同类型数据的加法表达式时，会自动调用相应类型的加法运算符重载函数。但是C++语言中所提供的预定义的基本数据类型毕竟是有限的，在解决一些实际的问题时，往往需要用户自定义数据类型。例如，定义复数的数据类型如下。

```
class Complex //复数类
{
 public:
   double real;//实数
   double imag;//虚数
   Complex(double real=0,double imag=0)
       {
         this->real=real;
         this->imag=imag;
       }
};
```

如果要进行两个复数的加法运算，则可以表示为如下形式。

```
Complex com1(10,10),com2(20,20),sum;
sum=com1+com2;
```

上述程序段在运行时会提示没有与这些操作数匹配的"+"运算符的错误。这是因为Complex类类型不是预定义类型,系统没有对该类型的数据进行加法运算符函数的重载。C++语言为运算符重载提供了一种方法,即运算符重载函数。其函数名字规定为operator后紧跟重载运算符,如operator+(),operator*()等。

运算符重载和函数重载的概念基本相同,二者的不同之处如下。

(1) 对于运算符重载,重载的是运算符。

(2) 即使运算符只在当前程序中定义了一次,也称为运算符重载。这是因为系统中对于所有运算符都已经有过定义,当前程序中定义的运算符只是参数个数或参数类型与系统定义过的运算符不同罢了。

(3) 运算符重载必须满足C++语言的规定。

需要说明的是,运算符重载并不是面向对象程序设计语言必须有的基本概念,许多高级语言(如Java语言等)并不支持运算符重载。

7.2 运算符重载规则

C++语言规定了运算符重载的规则,具体如下。

(1) 重载的运算符要保持原运算符的意义。例如,原先的单目运算符只能重载为单目运算符,不能重载为双目运算符。

(2) 只能对已有的运算符重载,不能增加新的运算符。

(3) 不是所有的运算符都可以重载,允许重载的运算符如表7-1所示。

表7-1 允许重载的运算符

运算符类型	运 算 符
单目运算符	+、-、++、--、*、&、new、delete
双目运算符	[]、() *、/、% +、- <、>、<=、>=、==、!= ^、&、|、~、<<、>> &&、||、! =、*=、/=、%=、+=、-=、^=、&=、|=、~=

(4) 一些运算符不允许重载,不能重载的运算符包括以下几种。

- ?: //条件运算符
- . //成员访问运算符
- -> //指针访问运算符
- :: //作用域运算符
- sizeof //字节个数运算符

(5) 重载的运算符仍然保持系统规定的优先级和结合性。例如,加减运算符的优先级低于乘除运算符。

（6）运算符重载不能全部是C＋＋语言中预定义的基本数据，这样做的目的是为了防止用户修改用于基本类型数据的运算符性质。

7.3 运算符重载形式

运算符重载主要有两种形式：一种是类的成员函数形式；一种是友元函数形式。

1. 类的成员函数重载运算符形式

在C＋＋语言中，可以将运算符重载为类的成员函数。例如：

```
class 类名
{
    返回类型 operator 运算符(形参表);
}
```

类外定义格式如下。

```
返回类型 类名::operator 运算符(形参表)
{
    函数体;
}
```

对于成员函数重载运算符而言，双目运算符的参数表中仅有一个参数，而单目运算符中则无参数。例如，可以把双目运算符"＋"重载成某个类的成员函数。此时，对于程序中的表达式"objectX＋objectY"，程序在编译时，系统内部的表示形式如下。

```
objectX.operator+ (objectY)
```

其中，objectX为被加数，它是该类已定义的对象；objectY为加数，它也是该类已定义的对象；operator＋()为该类重载的成员函数形式的运算符。

2. 类的友元函数重载运算符形式

在C＋＋语言中可以把运算符重载为类的友元函数。例如：

```
class 类名
{
    friend 返回类型 operator 运算符(形参表);
}
```

类外定义格式如下。

```
返回类型 operator 运算符(参数表)
{
    函数体;
}
```

运算符重载函数可以返回任何类型，甚至是void，但通常返回类型都与它所操作的类类型一样，这样可以使运算符使用在复杂的表达式中。友元函数重载双目运算符(有两个操作数，通常在运算符的左右两侧)，参数表中的个数为两个。若是重载单目运算符(只有一个操作数)，则参数表中只有一个参数。例如，把双目运算符"＋"重载为类的友元函数。此时，对于程序中的表达式"objectX＋objectY"，程序在编译时，系统内部的表示形式如下。

```
operator+ (objectX,objectY);
```

其中，objectX为被加数，objectY为加数，它们都是某类已经定义的对象；operator＋()为运算符"＋"的重载。当把运算符重载为类的友元函数时，因为该函数要使用对象的私有成员变量，所以此时要把外部函数 operator＋()定义为对象 objectX 和 objectY 所属类的友元函数。

3. 两种运算符重载的比较

在大多数情况下，上述两种运算符重载的方法都可以使用，并且不存在优劣之分。但是，在一些非常特殊的情况下，两种运算符重载形式的处理方法是不同的，此时不同的运算符重载形式就有优劣之分。

双目运算符可以重载为友元函数也可以重载为成员函数，但有一种情况，只能使用友元函数。例如：

```
#include <iostream.h>
class Complex                    //复数类
{
  private:                        //私有
     double real;                //实部
     double imag;                //虚部
  public:
     Complex(double real=0,double imag=0)
       {
         this->real=real;
         this->imag=imag;
       }
     Complex operator+(int x);
};
Complex Complex::operator+(int x)
   { return Complex(real+x,imag);}
void main()
 {
   Complex com1(5,10),total;
   total=com1+5;
 }
```

若将上述 main 函数实现部分中的“total＝com1＋5;”改为“total＝5＋com1;”那么程序就会报错(没有与这些操作数匹配的“＋”运算符)，因为左操作数 5 不是该复数类的对象，不能调用相应的成员函数 Complex operator＋(int x)，所以编译错误。这时就需要将运算符重载定义为友元函数来解决该问题。

```
friend Complex operator+(Complex com1,int x);
friend Complex operator+(int x,Complex com1);
```


运算符重载的几点准则如下。

(1) 对于大多数双目运算符来说，重载为友元函数比重载为成员函数适应性更强。

(2) 赋值运算符应重载为成员函数。因赋值运算符重载为友元函数时，有些情况下的内部表示形式会出现二义性。

(3) 单目运算符“＋＋”和“－－”等一般应重载为成员函数。

(4) 运算符“()”为函数调用运算符，运算符“[]”为数组下标运算符，这两个运算符应重载为成员函数。

(5) 输入运算符“＞＞”和输出运算符“＜＜”必须重载为友元函数。

7.3.1 成员函数重载运算符

【例 7-1】 用成员函数实现复数类的运算。

```
#include <iostream.h>
class complex{
    private:
      double real;
      double image;
    public:
      complex():real(0),image(0)  { }
      complex(double rp):real(rp),image(0)  {  }
      complex(double rp,double ip):real(rp),image(ip)  {  }
      ~complex() {  }
      complex operator+ (const complex &x)const;
      complex operator- (const complex &x)const;
      complex operator* (const complex &x)const;
      complex operator/ (const complex &x)const;
      bool operator== (const complex &x)const;
      complex &operator+= (const complex &x);
      void print() const;
};
inline complex complex::operator+ (const complex &x) const
      {return complex(real+x.real,image+x.image);}
inline complex complex::operator- (const complex &x) const
      {return complex(real-x.real,image-x.image);}
inline complex complex::operator* (const complex &x) const
      {
       return
complex(real*x.real-image*x.image,real*x.image+image* x.real);
      }
inline complex complex::operator/ (const complex &x) const
      { double m;
       m=x.real*x.real+x.image*x.image;
       return
complex((real*x.real+image*x.image)/m,(image*x.real-real*x.image)/m);
      }
inline bool complex::operator== (const complex &x)const
      {return bool(real==x.real &&image==x.image);}
complex& complex::operator+= (const complex &x)
      { real+=x.real;
        image+=x.image;
        return * this;
      }
void complex::print()const
```

```
        {cout<<"("<<real<<","<<image<<"i)"<<endl;}
void main()
{
    complex a(3,5),b(2,3),c;
    c=a+b*a/b-b;
    c.print();
    a+=b;
    a.print();
    if(a==c)
        cout<<"对象 a 等于对象 c"<<endl;
    else
        cout<<"对象 a 不等于对象 c"<<endl;
}
```

运行结果：

```
(4,7i)
(5,8i)
对象 a 不等于对象 c
```

说明：(1) 对比重载运算符"＋"和重载运算符"＋＝"的设计。运算符"＋"的返回值类型设计为 complex 类型，而运算符"＋＝"的返回值类型设计为 complex 的引用类型，其原因如下。

- 运算符"＋＝"的功能是：当前对象值和参数对象值相加，结果存放在当前对象中，此运算符的返回值类型定义为 complex 的引用类型，此时 return * this 语句将返回当前对象的成员变量值。
- 运算符"＋"的功能是：当前对象值和参数对象值相加，返回运算结果。其函数体中定义了一个局部对象，设为 temp，两个复数相加的结果临时存放在局部对象 temp 中，若返回值类型定义为 complex 类型，则 return 语句将把局部对象 temp 中的值赋给返回值；若返回值类型也定义为 complex 的引用类型，则返回值是局部对象 temp 的别名，而局部对象 temp 在调用结束时已经被撤销，因此这样设计必然出错。要注意的是，C＋＋语言中对这种错误并不能检测出来。

(2) 虽然 complex 类中没有重载运算符"＝"，但是系统自动重载了赋值运算符"＝"。

(3) 从测试程序中可以看出，重载的运算符满足系统原有的运算符优先级。

(4) 实际上，成员函数 print 函数也可以重载为输出运算符"＜＜"。

7.3.2 友元函数重载运算符

【例 7-2】 用友元函数实现复数类的运算。

```
#include <iostream.h>
class complex{
   friend complex operator+(const complex &x,const complex &y);
   friend complex operator-( const complex &x,const complex &y);
   friend complex operator*( const complex &x,const complex &y);
   friend complex operator/( const complex &x,const complex &y);
   friend bool operator==( const complex &x,const complex &y);
   friend complex &operator+=(complex &x,const complex &y);
   private:
     double real;
```

```
    double image;
  public:
    complex():real(0),image(0)  { }
    complex(double rp):real(rp),image(0)   {  }
    complex(double rp,double ip):real(rp),image(ip)   {  }
    ~complex() {  }
    void print() const;
};
inline complex operator+ (const complex &x,const complex &y)
  {return complex(x.real+y.real,y.image+x.image);}
inline complex operator- ( const complex &x,const complex &y)
  {return complex(x.real-y.real,x.image-y.image);}
inline complex operator* ( const complex &x,const complex &y)
  {return
complex(x.real*y.real-x.image*y.image,x.real*y.image+x.image*y.real);}
inline complex  operator/( const complex &x,const complex &y)
  { double m;
   m=y.real*y.real+y.image*y.image;
  return
complex((x.real*y.real+x.image*y.image)/m,(x.image*y.
real-x.real*y.image)/m);
  }
inline bool operator==(const complex &x,const complex &y)
  {return bool( x.real==y.real &&x.image==y.image);}
inline complex& operator+=(complex &x,const complex &y)
  { x.real+=y.real;
   x.image+=y.image;
   return x;
  }
void complex::print()const
  {cout<<"("<<real<<","<<image<<"i)"<<endl;}
void main()
 {
   complex a(3,5),b(2,3),c;
   c=a+b*a/b-b;
   c.print();
   a+=b;
   a.print();
   if(a==c)
     cout<<"对象 a 等于对象 c"<<endl;
   else
     cout<<"对象 a 不等于对象 c"<<endl;
}
```

从上述两个例题中可以看出:运算符不论是重载为类的成员函数形式,还是重载为类的友元函数形式，其外部程序的表达式书写格式都是一样的，系统内部会自动按重载的运算符匹配。

上例中，若在主函数中有加法运算 2.3＋a 和 a＋2.3，常量 2.3 是 double 类型，a 是 complex 类型，则两种运算符重载方法下的程序运行情况是不一样的。

(1) 对于表达式 2.3＋a，系统对两种不同的运算符重载方法处理如下。

当加法运算符重载为类的友元函数时，系统内部的表示形式为“operator＋(2.3,a);”。

在操作数类型不一致的情况下，系统将自动把精度低的数据类型转换为精度高的数据类型。对于用户自定义的数据类型，系统规定：在基本数据类型基础上定义的数据类型的精度高于基本数据类型的精度。因此，此时系统把 double 类型的 2.3 转换成 complex 类型。转换方法为：系统自动调用 complex 类的相应构造函数进行转换。对于 double 类型的 2.3，调用构造函数“complex(double rp):real(rp),image(0) {}”。

因此，系统内部最终的表示形式如下。

```
operator+(complex(2.3),a);
```

当加法运算符重载为类的成员函数时，系统内部的表示形式为“2.3.operator＋(a);”。

系统对此解释为：double 类型的 2.3 调用加法成员函数，其参数 a 是 complex 类型，显然这将导致程序编译出错。对于表达式 2.3＋a，当运算符重载为类的友元函数时，系统可以接受此种表示形式；而当运算符重载为类的成员函数时，系统不能接受此种表示形式。

(2) 对于表达式 a＋2.3，系统对两种不同的运算符的重载方法处理如下。

当加法运算符重载为类的友元函数时，系统内部最终的表示形式如下。

```
operator+(a,complex(2.3));
```

当加法运算符重载为类的成员函数时，系统内部最终的表示形式如下。

```
a.operator+(complex(2.3));
```

依据上述分析可以看出，运算符重载为成员函数或者友元函数的效果是一样的。

本章小结

本章主要介绍了运算符的重载。使用运算符重载可以使程序更加易于理解和更容易对对象进行操作。但是在 C＋＋语言中运算符的重载需要遵守一些规则，既不能改变运算符操作数的数量，也不能发明、创造新的运算符等。

习 题 7

一、填空题

1. 在 C＋＋语言中，不能被重载的运算符有______、______、______、______和______。

2. 运算符重载有两种实现方法，一种是通过______函数来实现，另一种是通过______函数来实现。

3. 对单目运算符进行重载的函数需要传入______个参数。

4. 双目运算符既可重载为类的______，也可以重载为类的______。若运算符的左边不是本类的对象，则该运算符不能重载为______。

5. 一般情况下，单目运算符的重载使用 __________，而双目运算符的重载使用__________。

6. C++语言中使用关键字__________引出重载运算符函数的定义。

二、选择题

1. 下列关于运算符重载的说法错误的是(　　)。

A. 运算符重载保持原有的结合性和优先级

B. 可以对C++语言中的所有运算符进行重载

C. 运算符重载不能改变操作数的个数

D. 在运算符重载的函数中不能使用默认的参数值

2. 为了区别单目运算符的前置和后置运算，在后置运算符进行重载时，额外添加一个参数，其类型是(　　)。

A. void　　　B. char　　　C. float　　　D. int

3. 已知类A有一个带double型参数的构造函数，并且将运算符"+"重载为友元函数，要是如下语句序列：

```
A x(2.5),也(3.6),在(0);
Z=x+y;
```

能够正常运行，运算符函数 operator+应在类中声明为(　　)。

A. friend A operator++(A,A);

B. frient A operator++(int,A &,);

C. friend A operator++(A,A &,);

D. friend A operator++(A &,A);

4. 下列叙述正确的是(　　)。

A. 重载不能改变运算符的结合性

B. 重载可以改变运算符的优先级

C. 所有的C++运算符都可以被重载

D. 运算符重载用于定义新的运算符

5. 下列运算符能被重载的是(　　)。

A. ::　　　B. ?:　　　C. .　　　D. %

6. 下列不能正确重载运算符的成员函数原型是(　　)。

A. B operator !(int x);　　　B. B operator +(int x)

C. B operator +(B b);　　　D. B operator−(B &b);

7. 下列能正确重载运算符的友元函数原型是(　　)。

A. friend B opterator ?:();　　　B. friend B opterator +(int x);

C. friend B opterator+(B b);　　　D. friend B opterator +(B b,B a);

三、完善程序

1. 下列程序的功能是通过重载运算符"==",实现字符串的比较运算，请完善程序。

```
#include <iostream.h>
#include <string.h>
class String
{
  char  *st;
```

```
public:
    String operator+ (String &);
    int operator== (String &);
    String();
  String(char *);
  ~String();
  void show() {cout<<st;};
};
String::String() {st='\0';}
String::String(char *s){st=new char[strlen(s)+1];
strcpy(st,s);
}
String::~String() {delete ________;}
Int String::operator== (________ &tar)
{return strcmp(________,tar,st)==0;}
void main()
{
  String yourname("zhang");
String myname("Lou");
cout<<(myname==yourname);
}
```

2. 下列程序构造了一个集合类,其中以整型数组存放集合中的元素。通过重载运算符“&”,判断一个数是否为集合的元素。通过重载运算符“==”,判断两个集合是否相同,即两个集合的所有元素相同,但顺序可不同。

```
#include <iostream.h>
class set
{
  int  x[10],len;
  public:
  set()
    { for(int i=0;i<10;i++)
      x[i]=0;
     len=0;
    }
set(int *p,int n)
{
  for(int i=0;i<n;i++)
     x[i]=*p++;
  len=n;
}
friend int operator &(int y,set b);
friend int operator==(set a,set b);
int getLen(int n)
{
```

```
    for(int i=0;i<n;i++)
      cout<<x[i]<<'\t';
  }
  };
  int operator &(int y,set b)
  {
  for(int i=0;i<________;i++)
   if(b.x[i])
     return 1;
  return 0;
  }
  int operator==(set a,set b)
  {
    if(a.len!=b.len)
      return  0;
  for(int i=0;________;i++)
   if(!a.x[i]&b))
     return 0;
  return 1;
  }
  void main()
  {
    int a[10]={1,2,3,5},b[10]={1,2,3,5};
    set  set1(a,4),set2(b,4),c;
    cout<<(set1==set2)<<endl;
  }
```

四、读程序写结果

1. 程序如下。

```
#include <iostream.h>
class point
{
 int a,b;
 public:
    point(int aa,int bb){a=aa;b=bb;}
    void operator +=(point &p)
       {
        a+=p.a;
        b+=p.b;
       }
    void show()
   {
      cout<<a<<'\t\<<b<<endl;}
   };
void main()
```

```
{
    point  p1(3,5),p2(8,4);
    p1+=p2;
    p1.show();
}
```

运行结果为：

2. 程序如下。

```
#include <iostream.h>
class S
{
  int  n;
  public:
    S(int i){n=i;}
    operator ++()
      {n+=5;}
    operator++(int)
      {n+=2;}
    void show()
      {cout<<n<<'\t';}
};
void main()
{ S  A(5),B(5);
  ++A;
  B++;
  A.show();
  B.show();
  cout<<endl;
}
```

运行结果为：

第8章 文件与流类库

C++语言的输入/输出是以流(stream)的方式来处理的,流是在计算机的输入/输出操作中流动的数据序列。流式输入/输出的特点是数据的获取和发送均沿着数据序列的顺序进行,每一个数据都必须等待排在它前面的数据读入或送出之后才能被读/写,每次操作处理的都是序列中的未读/写数据中的第1个,而不能随意选择输入/输出的位置。序列中的数据既可以是未加工的原始二进制数据,也可以是按一定编码处理后的符合某种格式规定的特定数据,如字符数据等,所以C++语言中的流有字节流和字符流之分。

C++语言把文件看成是字符(字节)的序列,由一个个字符(字节)顺序组成。文件有二进制文件和文本文件两种。文本文件的每个字节存放一个ASCII代码,代表一个字符,也称为ASCII文件,即字符流。这种文件便于对字符进行逐个处理和输出,也便于人们理解,能为人们提供阅读的文本信息,所以文本文件是面向用户的。二进制文件则是把内存中数据,按其原来的存储形式输出到磁盘上,即短整型数据占2个字节,整型数据占4个字节,双精度浮点型数据占8个字节等,也就是字节流。用二进制表示的文件常常可以节省存储空间,主机处理速度快,但不便于人们阅读,常用于处理面向机器的事务。

流又分为输入流和输出流。其中,输入流是从键盘、磁盘文件流向程序的数据流,为程序提供输入信息;输出流是从程序流向显示器、打印机、磁盘文件的数据流,用于实现程序的输出功能。

8.1 文件的读/写

文件是存储在外存介质上的数据集合。按文件内容的数据格式分类,可将文件分为文本文件和二进制文件。文本文件由字符序列组成,也称为ASCII文件;二进制文件由二进制代码序列组成。文本文件存取的最小数据单位是字符,二进制文件存取的最小数据单位是字节。

与内存交换数据的文件有方向性。当交换过程是从文件到内存方向时,称为输入文件;当交换过程是从内存到文件方向时,称为输出文件。输入文件的过程也称为读文件,输出文件的过程也称为写文件。文件和内存交换数据时,既可以是文本格式,也可以是二进制格式。

对文件进行操作的基本过程如下。

(1) 打开文件。打开文件可建立起某个指定文件和文件流对象的联系,并且指定数据交换的方向。

(2) 对文件进行操作,是指把某种格式的数据写入文件,或者按以前写入的格式从文件中读出数据。

(3) 关闭文件。关闭文件将断开打开文件时所建立的某个指定文件和文件流对象的联系。

C++语言ios类层次中的ifstream类、ofstream类和fstream类分别称为输入文件流类、输出文件流类和输入/输出文件流类。创建这些类的对象,可以管理相应的文件读/写过程。ifstream类、ofstream类和fstream类均包含在头文件fstream.h中。

8.1.1 文件的打开与关闭

1. 文件的打开

打开文件的方法中,用构造函数打开文件是最常用的一种方法。

ifstream 类用于处理输入文件流,ofstream 类用于处理输出文件流,fstream 类用于处理输入/输出文件流。三个类的常用构造函数如下。

```
ifstream(const char *,int =ios::in,int=filebuf::openprot);
ofstream(const char *,int =ios::out,int=filebuf::openprot);
fstream(const char *,int,int=filebuf::openprot);
```

其中,三个类的构造函数中参数的含义依次是:字符串形式的文件名,文件流的操作模式,打开文件的保护方式(参数一般取默认值)。一旦定义了某个类的对象,就指定了该对象在外存介质上的文件名、该文件的数据交换方向以及该文件的保护方式。也可以说,一旦定义了一个类的对象,就建立了一个外存介质上的文件和内存的交换通道,并且指定了数据交换的方向。

```
ifstream ifs("Data1.dat");
ofstream ofs("Data2.dat");
fstream iofs("Data3.dat",ios::in|ios::out);
```

ifstream 类、ofstream 类和 fstream 类中提供了专门的打开成员函数。三个类的打开成员函数分别如下。

```
void ifstream::open(const char*,int=ios::in,int=filebuf::openprot);
void ofstream::open(const char*,int =ios::out,int=filebuf::openprot);
void fstream::open(const char*,int,int=filebuf::openprot);
```

另外,ifstream 类、ofstream 类和 fstream 类还重载有如下的构造函数。

```
ifstream();
ofstream();
fstream();
```

因此,也可以把定义对象和打开文件分成两条语句,例如:

```
ifstream ifs;
ofstream ofs;
fstream iofs;
ifs.open("Data1.dat");
ofs.open("Data2.dat");
iofs.open("Data3.dat",ios::in|ios::out);
```

还要说明的是,上述打开文件语句,隐含表示了两层含义:①打开当前工作目录下的指定文件;②如果当前工作目录下不存在指定文件,则在当前工作目录下创建一个新的指定文件。另外,打开文件语句也可以指定文件的存放目录,例如:

```
ifstream ifs("E:\C++  exercise\Data1.dat");
```

若打开的文件不存在,则打开失败,此时不能创建新的文件。

2. 文件的关闭

ifstream 类、ofstream 类和 fstream 类中都提供了专门的关闭成员函数。三个类的关闭成员函数分别如下。

```
void ifstream::close();
void ofstream::close();
void fstream::close();
```

当一个已经打开的文件完成了数据交换的任务时，必须关闭。关闭文件有如下两个作用。

(1) 把要写入文件的数据从缓冲区中完全写入磁盘中，这是因为内存和文件的数据交换是通过缓冲区完成的。例如，当向文件中写入数据时，数据并没有直接写到文件中，而是先写入缓冲区中，然后再由缓冲区写入文件中。当发出关闭文件命令时，将立即完成把缓冲区中的数据写入文件中的操作。

(2) 保证文件安全。关闭文件将断开打开文件时建立的文件和内存的交换通道，这样就不会出现由于错误操作引起的对文件中的数据的修改。例如，下面的语句就关闭了先前打开的文件。

```
ifs.close();
ofs.close();
iofs.close();
```

3. 文件的操作模式

ios类中定义了文件的操作模式，其操作模式定义为枚举类型。文件的操作模式共有8种，每种操作模式占一个二进制位。

```
enum open_mode{
  in =0x01,                  //读方式
  out=0x02,                  //写方式
  ate=0x04,                  //新数据可以添加到文件的任意位置
  app=0x08,                  //新数据添加到文件尾部
  trunce=0x10,               //若文件已存在则打开并清除原有内容
  nocreate=0x20,             //若文件存在则打开，不存在时不创建
  noreplace=0x40,            //若文件存在则打开，不存在时创建
  binary=0x80                //以二进制方式打开文件
};
```

说明：(1) 允许同时有一个以上的操作模式位为1。
(2) 除非文件被显式地定义为以二进制方式打开，否则文件的常规打开方式是文本方式。

8.1.2 文本文件的读/写

文件打开后，就可以对文件进行读/写操作。在文件打开时，只要不定义为以二进制格式打开，则文件打开的默认方式就是文本格式。文本文件支持对文件内容的进行顺序访问。所谓顺序访问，是指从文件的起始到文件的结束，顺序地访问(存取)文件中的数据。

1. 读文本文件

由于ifstream类是从istream类公有派生产生的，所以ifstream类的对象可以使用istream类中定义的输入运算符“>>”以及get成员函数和getline成员函数，将文件中的数据输入到内存变量中。

【例8-1】 设计一个程序，分别用输入运算符“>>”、get函数和getline函数实现把当

前工作目录下的Data1.dat文件中的字符数据显示在屏幕上。设文件Data1.dat中的数据如下。

```
abcdefghijklmn
opqrstuvw
xyz
```

(1) 用输入运算符“>>”实现。

```
#include <fstream.h>
void main()
{
  ifstream ifs("Data1.dat");
  char ch;
  int n=0;
  while(!ifs.eof())
  {
    ifs>>ch;
    cout<<ch;
    n++;
  }
  cout<<endl<<"字符个数为:"<<n<<endl;
  ifs.close();
}
```

运行结果为：

```
abcdefghijklmnopqrstuvwxyz
字符个数为:27
```

(2) 用get成员函数实现。

```
#include <fstream.h>
void main()
{
  ifstream ifs("Data1.dat");
  char ch;
  int n=0;
  while(!ifs.get(ch))
  { cout<<put(ch);
    n++;}
  cout<<endl<<"字符个数为:"<<n<<endl;
  ifs.close();
}
```

运行结果为：

```
abcdefghijklmn
opqrstuvw
xyz
字符个数为:28
```

(3) 用getline成员函数实现。

```
# include <fstream.h>
void main()
{
  ifstream ifs("Data1.dat");
  char buffer[80];
  int n=0;
  while(! ifs.eof())
  { ifs.getline(buffer,sizeof(buffer));
    cout<buffer;
    cout<<endl;
    n++;}
  cout <<"字符个数为:"<<n<<endl;
  ifs.close();
}
```

运行结果为：

```
abcdefghijklmn
opqrstuvw
xyz
字符个数为:28
```

2. 写文本文件

由于ofstream类是从ostream类公有派生产生的，所以ofstream类的对象的可以使用ostream类中定义的输出运算符“<<”以及put成员函数，将内存变量中的数据输出到文件中。

【例8-2】 设计一个程序，分别用“<<”运算符和put函数将内存变量中的字符数据输出到当前目录下的文件Data2.dat中。

(1) 用输出运算符“<<”实现。

```
#include <fstream.h>
#include <string.h>
void main()
{
  ofstream ofs("Data2.dat");
  char ch[3][20]={"abcdefghijklmn\n","opqrstuvw\n","xyz"};
  for(int i=0;i<3;i++)
  ofs<<ch[i];
  ofs.clost();
}
```

运行结果为：

```
abcdefghijklmn
opqrstuvw
xyz
```

(2) 用put成员函数实现。

```
#include <fstream.h>
#include <string.h>
void main()
{
```

```
  ofstream ofs("Data2.dat");
  char ch[]="abcdefghijklmn\nopqrstuvw\nxyz";
  int n=strlen(ch);
  for(int i=0;i<n;i++)
  ofs.put(ch[i]);
}
```

运行结果为：

```
abcdefghijklmn
opqrstuvw
xyz
```

8.1.3 二进制文件的读/写

在创建文件对象时，用逻辑或的方式加上二进制操作模式(ios::binary)，即表示采用二进制格式进行文件流的读或写操作。二进制文件既支持顺序访问，即二进制文件的读/写也可以使用前面讨论的输入运算符“>>”和输出运算符“<<”方法，以及 get 成员函数和 put 成员函数方法访问文件；也支持随机访问。随机访问主要使用 read 成员函数和 write 成员函数读/写文件。read 成员函数和 write 成员函数原型如下。

```
istream &istream::read(char *,int);
ostream &ostream::write(const char* ,int);
```

两个成员函数中，第一个参数是要与文件交换数据的字符串，第二个参数是要交换的字符个数。与文本文件以字符为单位交换数据的方法相比，read 成员函数和 write 成员函数以字节为单位交换数据，并且可以用参数控制字节个数。

【例 8-3】 二进制文件读/写的应用。要求：(1)设计一个学生类，至少包括姓名、学号和成绩；(2)程序中先把 1 个学生数据写入文件 Data3. dat 中，再从文件中读出该学生数据并显示在屏幕上。

```
#include <fstream.h>
#include <string.h>
class student
{
  public:
    char name[20];
    long number;
    int score;
    student(char *nm="0",long nu=0,int sc=0)
      strcpy(name,nm);
      number=nu;
      score=sc;}
};
void main()
{
  student stu1("张三",001,98),stu2;
  charfilename[]="Data3.dat";
  ofstream fileOut(filename,ios::binary);
  fileOut.write((char *)&stu1,sizeof(class student));
```

```
    fileOut.close();
    ifstream fileIn(filename,ios::binary);
    fileIn.read((char *)&stu2,sizeof(class student));
    fileIn.close();
    cout<<"姓名:"<<stu2.name<<endl;
    cout<<"学号:"<<stu2.number<<endl;
    cout<<"成绩:"<<stu2.score<<endl;
}
```

运行结果为：

```
姓名:张三
学号:001
成绩:98
```

8.1.4 随机访问文件

在文件和内存交换数据中，文件指针指示了文件流的当前位置。C++语言中提供了定位文件指针的成员函数，使用定位文件指针成员函数，可以把读/写文件指针定位在指定的记录位置上，从而可以实现随机访问文件。操作读指针的成员函数格式如下。

```
istream & seekg(<偏移量>,<参照位置>);
```

操作写指针的成员函数格式如下。

```
ostream & seekp(<偏移量>,<参照位置>);
```

其中，第一个参数是文件指针相对于参照位置偏移的字节量，第二个参数的取值及其含义如下。

```
ios::beg    //文件开始位置
ios::cur    //当前指针位置
ios::end    //文件结束位置
```

【例 8-4】 随机访问文件的应用。要求：(1)设计一个学生结构体，至少包括学生的姓名、学号和成绩；(2)程序中先把 3 个学生的数据写入文件 Data4. dat 中，再从文件中读出第 2 个学生的数据显示在屏幕上。

```
#include <fstream.h>
#include <string.h>
struct student
{ char name[20];
  long number;
  int score;
};
void main()
{
  student stu[3]={{"张三",001,98},{"李四",002,75},{"王二",003,85}};
  charfilename[]="Data4.dat";
  int  n=3,i;
  fstreamdatafile(filename,ios::in|ios::out|ios::binary);
  for(i=0;i<n;i++)
  datafile.write((char * )&stu[i],sizeof(struct student));
  datafile.seekp(1* sizeof(struct student),ios::beg);
```

```
    datafile.read((char* )&stu2,sizeof(struct student));
    datafile.close();
    cout<<"姓名:"<<stu2.name<<endl;
    cout<<"学号:"<<stu2.number<<endl;
    cout<<"成绩:"<<stu2.score<<endl;
}
```

运行结果为:

```
姓名:李四
学号:002
成绩:75
```

说明:(1) seekp 成员函数和 seekg 成员函数是在 fstream 类中重载的,所以只有 fstream 类的对象有此成员函数,ifstream 类的对象和 ofstream 类的对象则没有此成员函数。

(2) 语句"datafile.seekp(1 * sizeof(struct student),ios::beg);"表示把文件指针定位到相对于开始位置处的 1 * sizeof(struct student)各字节处,即把文件指针定位到第 2 条记录。因此,随后的 read 成员函数读取的是文件中的第 2 条记录。

(3) 这里把学生类简化为学生结构体,是为了方便主函数中变量赋值,否则对象的初始化赋值比较麻烦。

8.2 流的概念

C++语言为了使程序尽量独立于外设,通过流类库提供更加统一、安全的 I/O 系统。ios 类提供了对流状态进行设置的功能,是一个虚基类;istream 类提供向流中提取数据的操作;ostream 类提供从流中插入数据的操作;iostream 综合了 istream 类和 ostream 类的行为,提供插入和提取操作。

streambuf 类完成相当于"磁盘缓冲"的功能,磁盘读数据是一次读一整块数据,块的大小取决于磁盘类型,磁盘缓冲区的大小一般是 512 字节或更多。如果 ios 向磁盘写了几个字节数据,streambuf 就将它写到磁盘上,不过这样执行的速度会非常慢。实际处理方法是:在输出时,streambuf 类不断收集输出请求,知道已满若干块,才将整个缓冲区的数据写到磁盘上。

ios 类在 streambuf 的协助下,还能处理各种类型数值的格式和类型转换,并能保存流的错误状态,以便显示。istream 类和 ostream 类是 ios 类的公有派生类,istream 提供进行输入操作的成员函数,ostream 提供输出操作的成员函数。streambuf 不是 ios 类派生的,只是在 ios 类中有一个指针成员,指向 streambuf 类中的一个对象。

当用户程序中包含了头文件 iostream. h 后,程序执行时就会调用相应的构造函数,产生 4 个标准流,即 cin(标准输入流)、cout(标准输出流)、cerr 和 clog,后面两个是标准错误信息输出流。

8.2.1 输入操作

标准输入流 cin 重载运算符">>",重载后的">>"称为提取运算符,这样就可以组成从键盘输入和输入语句。其格式如下。

```
cin>>表达式>>表达式……;
```

输入语句中,提取符可以连续写多个,每个后面跟一个表达式,该表达式通常是用来获得输入值的变量或对象。输入的数据类型必须与要提取的数据类型一致,否则会出错,并且出错只是在流的状态字 state 中的对应位置 1,程序会继续执行。

8.2.2 输出操作

1. 屏幕输出

标准输出流 cout 重载运算符“<<”,重载后的“<<”称为插入运算符,这样就可以组成输出到屏幕上的输出语句。

在输出语句中,可以串联多个插入符,输出多个数据项。在插入运算符后边任意复杂的表达式,系统会自动计算出它的值并传给插入符。例如:

```
#include <iostream.h>
void main()
{
  char *str="string";
  int x=2,y=5,z;
  cout<<"the string is:"<<str<<endl;
  cout<<"the address is:"<<(void *)str<<endl;
  cout<<"x="<<x<<",<<"y="<<y<<endl;
  cout<<"z="<<x*3+y*5<<endl;
}
```

注意:处理指针类型的插入符在显示对象的地址值时,在默认情况下,按其十六进制形式显示,通常采用“cout<<(void *)s”格式,如果要输出十进制的地址值,则需要用类型 long 进行强制转换。

使用 put 成员函数输出一个字符。put 成员函数提供了一种将字符送进输出流的方法。其使用格式如下。

```
cout.put(char  c);
```

或者

```
cout.put(const char c);
```

例如:

```
char c='K';cout.put(c);    //输出字符 K
```

使用 write 成员函数输出一个字符串。write 成员函数可以将字符串送到输出流中。其格式如下。

```
cout.write(const char *str,int n);
```

例如:

```
cout.write("string",strlen("string"));//输出字符串和该字符串的长度
```

2. 格式化输出

C++语言的输入/输出系统支持格式化的输入/输出。C++语言中有两种格式化数据的方法,一种是直接使用 ios 类的各个成员来记录当前格式化的状态,即各标志位的设置值,这个数据成员被称为标志字;另一种是使用操纵算子。

1）格式标志控制符

ios 类的公有区定义的格式标志是枚举常量，其定义格式如下。

```
enum{
  skipws=0x0001,           //标志跳过输入中的空白
  left=0x0002,             //标志输出时左对齐
  right=0x0004,            //标志输出时右对齐
  internal=0x0008,         //标志输出时两端对齐
  dec=0x0010,              //标志设置基数为十进制
  oct=0x0020,              //标志设置基数为八进制
  hex=0x0040,              //标志设置基数为十六进制
  showbase=0x0080,         //标志输出基数指示器
  showpoint=0x0100,        //标志输出浮点数据带有小数点，并尾随 0
  uppercase=0x0200,        //标志数值中的所有字母转换成大写形式
  showpos=0x0400,          //标志在正数前添加“+”号
  scientific=0x0800,       //标志以科学计数法表示浮点数
  fixed=0x1000,            //标志以定点形式表示浮点数
  unitbuf=0x2000,          //标志在插入操作以后立即清空流入缓冲区
  stdio=0x4000,            //标志在插入操作以后清空 stdout 和 stderr
};
```

在程序中可以不通过 ios 类的对象直接引用这些格式标志。引用格式标志时，必须加上作用域限定符，以表明它们是在 ios 类中定义的。例如：

```
int let=ios::left;
int rig=ios::right;
```

2）使用成员函数设置标志字

由于格式标志字是 ios 类中的保护成员，所以不能直接访问该格式标志字，必须通过 ios 类的成员函数来对格式化标志字进行设置、取消或获取。这类成员函数有以下三种。

```
ios::setf()             //设置格式标志字
ios::unsetf()           //取消格式标志字
ios::flags()            //获取格式标志字
```

例如：

```
long setf(long  f);     //设置参数值来更新格式标志字，返回更新前的标志字
long unsetf(long  f);   //清除由参数 f 指定的格式标志，并返回本次操作之前的格式标志字
```

一般通过 cout 和 cin 来使用 setf 函数和 unsetf 函数。例如：

```
cout.setf(ios::hex);        //该语句指定以十六进制形式输出数据
cin.setf(ios::hex);         //该语句指定把用户输入的数据视为十六进制
```

flags 函数有两种重载形式。其第一种格式如下。

```
long flags();     //不带任何参数，输出当前的格式字
```

其第二种格式如下。

```
long flags(long flags_word);     //将当前的格式标志字设置为 flags_word，然后返回
                                 //以前的标志字
```

3）操作符

操作符是一种特殊的函数，可以用于输入表达式或输出表达式中，用来控制输入/输出

的格式。例如,endl 就是实现回车换行的操作符。C++语言中预定义了一些操作符,如表 8-1 所示。

表 8-1　C++语言中预定的操作符

操　作　符	含　　义
dec	数值采用十进制
hex	数值采用十六进制
oct	数值采用八进制
setbase(int n)	设置数制转换基数为 n(0,8,10,16)
ws	从输入流中提取空字符
endl	插入换行符并刷新输出缓冲流
ends	插入空白符
flush	刷新与流相关联的缓冲区
resetionflag(long)	清除参数所指定的格式化标志
setbase(int)	设置参数表示的整型基数(0～10 为十进制)
setionflags(long)	设置参数所指定的标志位
setfill(int)	设置以参数表示的填充字符
setprecision(int)	设置浮点数输出精度
setw(int)	设置输出数据项的域宽

注意:使用操作符时,程序中需要包含 iomanip.h 头文件。

例如,下列程序用操纵算子输出运算结果。

```
#include <iostream.h>
#include<iomanip.h>
void main()
{
  cout<<"1234567890"<<endl;
  int i=1234;
  cout<<i<<endl;
  cout<<setw(12)<<i<<endl;
}
```

本章小结

本章介绍了文件操作。C 语言中的 I/O 很丰富、灵活,但是在 C 语言中 I/O 系统不能对对象进行操作,也不具有类型的安全性。C++语言的 I/O 流在传承 C 语言的 I/O 系统的优点的同时,也摒弃了它的缺点,即自己完善了 I/O 流,这样操作起来更简洁、易懂。从一定角度上看,它使标准 I/O 流、文件流等的操作在概念上得到了统一。

习 题 8

一、选择题

1. 使用操作符对数据进行格式输出时，应包含(　　)文件。

A. iostream. h　　B. fstream. h　　C. iomanip. h　　D. stdlib. h

2. 下列函数中，(　　)是对文件进行写操作。

A. get()　　B. read()　　C. getline()　　D. put()

3. 在 ios 类中提供控制格式的标志位中，(　　)是转换为十六进制形式的标志位。

A. hex　　B. oct　　C. dec　　D. left

4. 控制格式输出输入的操作符中，(　　)是设置域宽的操作符。

A. ws　　B. oct　　C. setfill　　D. setw()

5. 假设有定义“char　ch;”，下列输入字符的方法不正确的是(　　)。

A. cin. get(ch)　　B. cin>>ch　　C. cin>>get(ch)　　D. ch=cin. get()

6. 已知“int a, * pa=&a;”，输出指针 pa 十进制的地址值的方法是(　　)。

A. cout<<pa　　B. cout<< * pa　　C. cout<<&pa　　D. cout<<long(&pa)

7. 下列输出字符‘A’的方法中，(　　)是错误的。

A. cout<<put('A')　　B. cout<<'A'

C. cout. put('A')　　D. char A='A';cout<<A

8. 关于 getline 函数的描述中，错误的是(　　)。

A. 该函数是用来从键盘上读取字符串的

B. 该函数读取的字符串长度是受限制的

C. 该函数读取字符串时遇到终止符便停止

D. 该函数中所使用的终止符只能是换行符

9. 关于 read 函数的描述中，正确的是(　　)。

A. 该函数只能从键盘输入中获取字符串

B. 该函数所获取的字符多少是不受限制的

C. 该函数只能用于文本文件的操作中

D. 该函数只能按规定读取所指定的字符数

10. 设已定义浮点型变量 data，以二进制方式把 data 的值写入输出流对象 outfile，正确的是(　　)。

A. outfile. write((double *)&data,sizeof(double));

B. outfile. write((double *)&data,data);

C. outfile. write((char *)&data,sizeof(double));

D. outfile. write((char *)&data,data);

二、读程序写结果

1. 程序如下。

```
#include <iostream.h>
void main()
{
  double x=123.45678;
  cout.width(10);
  cout.fill('#');
```

```
    cout<<x<<endl;
    cout.precision(5);
    cout<<x<<endl;
    cout.setf(ios::showpos);
    cout<<x<<endl;
    cout.setf(ios::scientific);
    cout<<x<<endl;
}
```

输出结果为:

2. 程序如下。

```
#include <iostream.h>
#include <fstream.h>
#include <stdlib.h>
void main()
{
  char str[80];
  int count=0;
  fstream outfile,infile;
  outfile.open("myfile.txt",ios::out);
  if(!outfile)
{ cout<<"text.dat can't open.\n"};
  abort();
}
outfile<<"www.cctv.com\n";
outfile<<"1010101010\n"<<"I love C++  programming.\n";
outfile<<"yeah!";
outfile.close();
infile.open("myfile.txt",ios::in);
if(!infile)
  { cout<<"file can't open.\n";
abort();}
while(! infile.eof())
   {infile.getline(str,sizeof(str));
   cout<<str<<endl;
   count++;}
cout<<"Lines:"<<count<<endl;
}
```

输出结果为:

3. 程序如下。

```
#include <iostream.h>
#include <fstream.h>
#include <stdlib.h>
```

```
void main()
{
   fstream file1;
   char ch;
   char s[]="123456789\nabcdefg";
   file1.open("text1.dat",ios::out|ios::in);
   for(int i=0;i<sizeof(s);i++)
      file1.put(s[i]);
file1.seekg(5);
while(file1.get(ch))
      cout<<ch;
cout<<endl;
file1.close();
}
```

输出结果为：

4. 程序如下。

```
#include <strstrea.h>
#include <string.h>
void main()
{
   ostrestream ss;
   int n;
   ss<<"Hi,welcome to www.cctv.com!";
   char *buf==ss.str();
   ss<<'\0';
   n=strlen(buf);
   cout<<"n="<<n<<endl;
   cout<<buf<<endl;
   delete[] buf;
}
```

输出结果为：

5. 程序如下。

```
#include <iostream.h>
#include <strstrea.h>
Char a[]="1000";
void main()
{  int  dval,oval,hval;
    istrstream iss(a,sizeof(a));
    iss>>dec>>dval;
    iss.seekg(ios::beg);
iss>>oct>>oval;
iss.seekg(ios::beg);
```

```
    iss>>hex>>hval;
  cout<<"decVal:"<<dval<<endl;
  cout<<"octVal:"<<oval<<endl;
  cout<<"hexVal:"<<hval<<endl;
}
```

输出结果为：

三、编写程序

1. 以表格形式输出当 x＝10,20,…,100 时 sin(x)、cos(x)、tan(x)的值，要求输出时数据的宽度为 10、右对齐且有效数字 4 位。

例如，输出结果如下。

```
x         sin(x)          cos(x)          tan(x)
......................................................
1         0.01744         0.9998          0.01745
2         0.03488         0.9994          0.0349
3         0.05231         0.9986          0.05238
4         0.06972         0.9976          0.06989
5         0.08711         0.9962          0.08744
6         0.1045          0.9945          0.1051
7         0.1218          0.9926          0.1227
8         0.1391          0.9903          0.1405
9         0.1564          0.9877          0.1583
10        0.1736          0.9848          0.1762
```

2. 将文本文件 file. txt 的内容读出后显示在屏幕上，并将其中的字母全部小写后写入文本文件 file2. txt 中。

3. 将 C 盘中的某个文本文件复制到其他分区，并统计该文件的行数。

第9章 模板与异常处理

模板是C++语言中相对较新的一个特性。模板使程序员能够快速建立具有类型安全的类库集合和函数集合。异常是在编写程序及运行程序过程中所出现的不确定性的错误。C++语言中提供了异常处理机制,为使程序更易于检测和处理错误,增强了程序的功能。

9.1 模板

若一个程序的功能是对某种特定的数据类型进行处理,则可以将所处理的数据类型说明为参数,以便在其他数据类型的情况下使用,这就是模板的由来。模板是以一种完全通用的方法来设计函数或类,而不必预先说明将被使用的每个对象的类型。总之,模板是一种基于类型参数生成函数和类的机制。

9.1.1 模板的概念

C++语言解决参数多态性问题的方法是使用模板。模板可以仅仅只涉及一个通用类型的类,就可以使该类适用于成员变量为各种数据类型的情况;或者仅仅只涉及一个通用类型的函数,就可以使该函数适用于参数为各种数据类型的情况。模板方法也称为泛型化程序设计方法。

按照用途来划分,模板可分为函数模板和类模板。函数模板是把函数中的数据类型作为参数设计的通用函数。类模板是把类中的成员变量的数据类型作为参数设计的通用类。这样设计出的通用的函数模板或类模板,还不是可以具体使用的函数或类。只有经过参数实例化,把函数模板变为一个数据类型具体的函数,或者把类模板变为一个类中成员变量的数据类型具体的类,才能具有函数或类的功能。

参数实例化是指给函数模板或类模板传入了实际的类型参数。通常把经过参数实例化的函数模板称为模板函数,把经过参数实例化的类模板称为模板类。可见,一个函数模板经过参数实例化后,生成许多仅类型参数不同而函数处理方法完全相同的模板函数;一个类模板可以经参数实例化后,生成许多仅类中成员变量的数据类型不同而类的成员函数处理方法完全相同的模板类,每个模板类都可以定义各自的许多对象。C++语言中模板的声明格式如下。


```
template <模板参数表>
   <模板定义体>
```

其中,template为声明模板的关键字;模板参数表可包括一个或多个模板参数,每个模板参数之间由关键字class和模板形参两部分组成,当模板形参多于一个时,各模板形参之间用逗号分开;模板定义体是该模板的作用体,模板定义体可以是一个函数,也可以是一个类或是类中的一个成员函数。C++语言的模板机制能大大提高软件模块的设计效率。

9.1.2 函数模板

函数模板机制为用户提供了把功能相似而仅数据类型不同的函数设计为通用的函数模

板的方法。函数模板不是一个完全的函数，它代表了一类函数，必须把它的模板参数 T 实例化之后，才能实现具体函数的功能。其格式如下。

```
template <模板形参表>
<返回类型><函数名>(<形参表>)
```

【例 9-1】 函数模板的应用。

```
#include <iostream.h>
class point{
    int x,y;
  public:
    point(int a,int b)
      {x=a;  y=b;}
    void show()
      { cout<<'('<<x<<','<<y<<')'<<endl;}
};
template <class T>
void swap(T &x,T &y)
{  T t=x;
    x=y;
    y=t;}
void main()
{ int m=5,n=6;
    swap(m,n);
    cout<<m<<','<<n<<endl;
    double a=18.9,b=24.7;
    swap(a,b);
    cout<<a<<','<<b<<endl;
    char c1='r',c2='y';
    swap(c1,c2);
    cout<<c1<<','<<c2<<endl;
    point p1(6,9),p2(12,23);
    swap(p1,p2);
    p1.show();
    p2.show();
}
```

运行结果为：

系统使用函数模板的步骤如下。

(1) 编译器根据函数调用的实参类型，推导出模板实参。

(2) 编译器将模板实参传递给模板形参，实例化函数模板，产生模板函数。

(3) 编译器将函数调用与产生的模板函数链接。

以上述例题中函数调用语句 swap(m,n)为例来说明函数模板的使用。根据实参 m 和 n 的类型为整型，编译器确定模板实参是整型，于是把整型传递给模板形参 T，实例化函数模板 swap()，产生如下模板函数：

```
void swap(int &x,int &y)
{int t=x;x=y;y=t;}
```

以后如果遇到相同类型的调用，则直接使用该模板函数，而不产生新的模板函数。接着后面的函数调用语句“swap(a,b);”、“swap(c1,c2);”和“swap(p1,p2);”与上述匹配过程基本一致，所不同的是分别以双精度类型、字符类型和类类型作为模板实参去实例化函数模板。用来实例化函数模板的数据类型，既可以取系统的预定义类型，也可以取用户自定义的类类型。因为模板实参的确定及实例化函数模板的过程，都是在编译阶段完成的，所以函数模板的使用对程序运行效率无任何影响。

通常，函数模板的实例化是隐式的，即编译程序会根据调用时的实参的类型自动把函数模板实例化为具体的函数，但用户也可根据需要在程序中显式地实例化函数模板。若在主函数中有一语句“swap(3,2.0);”，则编译该行时，会给出出错信息，因为模板参数 T 产生了二义性。这主要是因为编译器在确定模板实参的过程中，会逐对比较函数调用实参的类型与函数模板中对应的形参，每对实参与形参的分析都是独立的。调用代码“swap(3,2.0)”中，第一个实参的类型为整型，因此 swap 模板的参数 T 被暂时确定成整型。然而，第二个实参的类型是双精度型，模板参数 T 又被确定为双精度型，于是发生矛盾，导致推导过程失败。这个问题可以通过显式地实例化函数模板来解决，具体的做法是在调用格式中插入如下的模板实参表。

```
swap <double> (3,2.0);
```

其中，紧跟在函数名后的 double 就是模板实参表，通过它通知编译器生成对如下函数实例的调用。

```
double swap(double &x,double &y)
  {double t=x;x=y;y=t;}
```

如果实例尚不存在，将立即生成这样的实例。这样，在调用过程中，整型的参数 3 将被自动转换成双精度型。

【例 9-2】 函数模板重载的应用。

```
#include <iostream.h>
template <class T>
T max(T x,T y)
{return(x>y)?x:y;
}
template <class T>
T max(T x,T y,T z)
{  T t=((x>y)?x:y);
   return(t>z)?t:z;
}
template <class T>
T max(T  *  x,int n)
{ T m=x[0];
  for(int i=1;i<n;i++)
      if(m<x[i])
      m=x[i];
  return m;
```

```
}
void main()
{
  double x=88.6,y=53.8,z=102.9;
  int data[10]={76,58,68,95,26,69,85,92,23,65};
   cout<<"max(x,y)"<<max(x,y)<<endl;
   cout<<"max(x,y,z)"<<max(x,y,z)<<endl;
   cout<<"max(data,10)"<<max(data,10)<<endl;
}
```

运行结果为：

```
max(x,y)88.6
max(x,y,z)102.9
max(data,10)95
```

9.1.3 类模板

实际编程时经常会遇到一组类，它们的成员组成相同，成员函数的代码形式相同，所不同的只是某些数据成员的类型。类模板机制为用户提供了把成员变量和成员函数相似，而仅成员变量的数据类型不同的类设计为通用的类模板的方法。例如：

```
class intStack{
  int buf[100];
public:
  void push(int);
  int pop();
……
};
class doubleStack{
   double buf[100];
public:
   void push(double);
   double pop();
 ……
};
```

上面两个类分别描述了整型栈和双精度型栈，如果需要使用字符型栈、浮点型栈，还必须重新定义。不论是整型栈、浮点型栈还是任何其他类型的栈，对它们所进行的基本操作都是相同的(如入栈、出栈等)。对于这些仅仅是数据类型不同而结构相同的类，用户可以将这些数据类型参数化，用类模板来统一描述，避免重复定义。

1. 定义类模板

类模板的定义格式如下。

```
template < 模板参数表>
class 类名{
  ……
};
```

其中，template 是用于定义模板的关键字。尖括号界定模板的参数表，参数表中可以含有一个或多个形式参数，各个参数之间用逗号分隔。参数可为类型参数或非类型参数，若为类型参数，应使用关键字 class 或 typename 声明。在类模板的定义体中，可在指定类型的地方使用类型参数，在使用表达式的地方使用非类型参数。例如，定义模板类 stack 如下。

```
template <class T,int I)
classstack{
  T buffer[I];
  int top;
 public:
  stack() {top=0;}
  void push(T &item)
     { if(top==I)
        {cout<<"stack is full.\n";
         return;}
 buffer[top++]=item;
}
T pop();
};
```

在类中定义类模板成员函数时，与普通类成员函数的定义方法一致。但在类外定义成员函数时，如果该成员函数中有模板参数，则需要先进行模板声明，再用类模板名，而不是用类名来限定函数名，即在函数名前、类名后加上“<T>”。例如：

```
template <class T,int I)
void stack<T,I)::push(T &item)
{if(top==I)
     {cout<<"stack is full.\n";
      return;}
buffer[top++]=item;
}
```

2. 类模板的使用

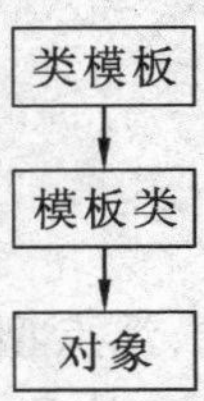

图 9-1　类模板、模板类与对象的关系

类模板是一系列相关类的模板或样板。当以具体的类型去替换模板参数时，会生成具体的类。例如，当用实参整数、浮点数、双精度型或字符型设置任意自定义类的类型替换模板参数 T 时，stack 被实例化为整型栈、浮点型栈、双精度型栈或字符型栈甚至是任意自定义类的类型栈。使用类模板时首先应把它实例化为一个具体的类（模板类），然后再说明模板类的对象，并使用这些对象完成所需要的功能。类模板、模板类与对象的关系如图 9-1 所示。

实例化类模板的语句格式如下。

```
类名 <模板实参表>
```

使用函数模板时，一般由编译器自动确定模板的实参。而使用类模板时，必须由用户显式指定模板实参。用户指定的模板实参应与模板形参表中的形参匹配。例如，下面两条语句分别用 int 和 double 实例化类模板 stack <T>，并各自声明了一个对象。

```
stack <int,10>   iStack;
stack <double,5>  dStack;
```

【例 9-3】 栈类模板的应用。

```
#include <iostream.h>
template <class T,int i=5>
class stack{
T stk[5];
int top;
public:
stack() {top=0;}
void push(T item)
  { if(top==i)
     { cout<<"stack is full.\n"<<endl;
       return;}
  stk[top++]=item;
}
T pop()
{
 if(top==0)
  {
    cout<<"stack  underflow.\n";
    return 0;}
top--;
return stk[top];
}
};
void main()
{ stack <int>   iStack;
  iStack.push(1);
  iStack.push(2);
  cout<<iStack.pop()<<endl;
  cout<<iStack.pop()<<endl;
  cout<<iStack.pop()<<endl;
  stack <float,3>  fStack;
  fStack.push(8.8f);
  fStack.push(5.6f);
  fStack.push(9.9f);
  fStack.push(4.6f);
}
```

运行结果为：

```
2
1
stack  underflow.
0
stack is full.
```

该程序定义 stack＜T,I＞类模板，实例化类模板 stack＜T,I＞时，以具体的数据类型实例化类型参数 T，以常量表达式实例化非类型参数 I。

【例 9-4】 利用模板知识设计一个小型计算器，实现基本数据类型的加、减、乘、除操作。

```
#include <iostream.h>
#include <stdlib.h>
template <class T>
T add(T x,T y)
{
  return x+y;
}
template <class T>
T sub(T x,T y)
{
  return x-y;
}
template <class T>
T mul(T x,T y)
{
  return x*y;
}
template <class T>
T div1(T x,T y)
{
  return x/y;
}
void main()
{
  int a1,b1;
  float a2,b2;
  char a3,b3;
  int select;
  do
  {
   cout<<"**************简易计算器**************"<<endl;
   cout<<"加法------------1"<<endl;
   cout<<"整数加法---------11"<<endl;
   cout<<"实数加法---------12"<<endl;
   cout<<"字符加法---------13"<<endl<<endl;
   cout<<"减法------------2"<<endl;
   cout<<"整数减法---------21"<<endl;
   cout<<"实数减法---------22"<<endl;
   cout<<"字符减法---------23"<<endl<<endl;
   cout<<"乘法------------3"<<endl;
   cout<<"整数乘法---------31"<<endl;
   cout<<"实数乘法---------32"<<endl;
   cout<<"字符乘法---------33"<<endl<<endl;
   cout<<"除法------------4"<<endl;
   cout<<"整数除法---------41"<<endl;
```

```
cout<<"实数除法---------42"<<endl;
cout<<"字符除法---------43"<<endl<<endl;
cout<<"退出------------0"<<endl;
cout<<"请输入您的选择:";
cin>>select;
switch(select)
{
 case 11:cout<<"请输入两个整数:";
         cin>>a1>>b1;
         cout<<a1<<"+"<<b1<<"="<<add(a1,b1)<<endl;
         break;
 case 12:cout<<"请输入两个实数:";
         cin>>a2>>b2;
         cout<<a2<<"+"<<b2<<"="<<add(a2,b2)<<endl;
         break;
 case 13:cout<<"请输入两个字符:";
         cin>>a3>>b3;
         cout<<a3<<"+"<<b3<<"="<<add(a3,b3)<<endl;
         break;
 case 21:cout<<"请输入两个整数:";
         cin>>a1>>b1;
         cout<<a1<<"- "<<b1<<"="<<sub(a1,b1)<<endl;
         break;
 case 22:cout<<"请输入两个实数:";
         cin>>a2>>b2;
         cout<<a2<<"-"<<b2<<"="<<sub(a2,b2)<<endl;
         break;
 case 23:cout<<"请输入两个字符:";
         cin>>a3>>b3;
         cout<<a3<<"- "<<b3<<"="<<sub(a3,b3)<<endl;
         break;
 case 31:cout<<"请输入两个整数:";
         cin>>a1>>b1;
         cout<<a1<<"*"<<b1<<"="<<mul(a1,b1)<<endl;
         break;
 case 32:cout<<"请输入两个实数:";
         cin>>a2>>b2;
         cout<<a2<<"* "<<b2<<"="<<mul(a2,b2)<<endl;
         break;
 case 33:cout<<"请输入两个字符:";
         cin>>a3>>b3;
         cout<<a3<<"*"<<b3<<"="<<mul(a3,b3)<<endl;
         break;
 case 41:cout<<"请输入两个整数:";
         cin>>a1>>b1;
```

```
                cout<<a1<<"/"<<b1<<"="<<div1(a1,b1)<<endl;
                break;
        case 42:cout<<"请输入两个实数:";
                cin>>a2>>b2;
                cout<<a2<<"/"<<b2<<"="<<div1(a2,b2)<<endl;
                break;
        case 43:cout<<"请输入两个字符:";
                cin>>a3>>b3;
                cout<<a3<<"/"<<b3<<"="<<div1(a3,b3)<<endl;
                break;
        case 0:exit(1);
        }
      }while(1);
    }
```

运行结果为：

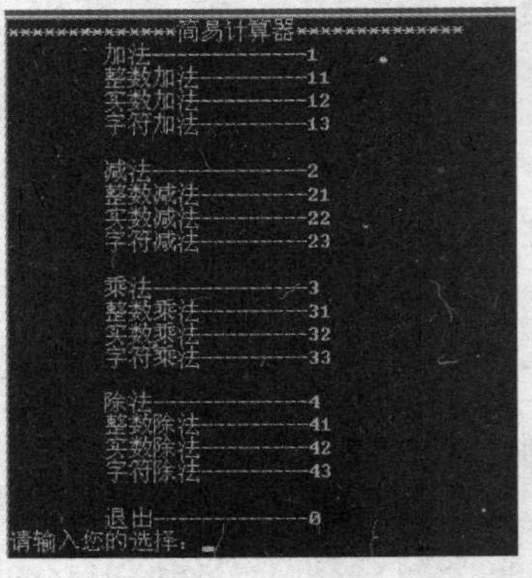

9.2 异常处理

异常是指程序在执行过程中出现的意外情况。一般情况下，程序中需要对异常进行处理。通过对异常情况的处理，可以发现产生异常的原因，并进行必要的异常处理，从而使程序的执行流程继续下去。

9.2.1 异常处理的概念

程序运行中的有些错误是可以预料但不可避免的，例如，除数为零、动态内存分配失败、文件打开不成功等。这种由于用户错误操作或系统运行环境造成的运行错误，称为异常。对于程序员来说，应充分考虑程序运行时可能出现的异常，并给予恰当的处理，避免异常发生时造成系统崩溃或其他灾难性的后果。

处理异常的方法很多，其中最简单的方法是检测异常发生的条件，在其发生处加入处理代码。例如，当打开文件操作不成功时，可进行如下处理。

```
int f(char *  str)
{ ifstream file(str);
  if(! file)
    {cout<<"Cann't open the file:"<<str<<endl;
```

```
            exit(1);
        }
        ……
    }
```

这种处理方法存在以下缺陷。

(1) 它使程序的正常处理代码和异常处理代码混杂在一起,使程序的复杂性增加,结构不够清晰,影响可读性。

(2) 在一个软件中,由于函数之间有着明确的分工和复杂的调用关系,发现错误的函数往往很难以恰当的方式去处理这些错误。例如,上述程序段中心函数 f 中用到文件名 str,可能是在调用 f 的函数中通过某种方式得到的。当函数 f 发现文件不存在时,简单地终止程序的处理方法是不合理的,而是应该由调用者重新获得文件名,然后再次调用函数 f,以使程序从错误中得以恢复,继续正常执行。

因此合理的错误处理模式是:由被调用函数向其调用者报告问题,由接到问题报告的函数决定如何处理。传统的方法通常由被调函数返回不同的值,来向调用函数报告错误发生的情况。如果报告错误的函数调用很多,或者报告错误的函数并不是直接由能够处理错误的函数调用的,它们之间隔着几层函数,或者某些函数没有返回值,那么程序的编写就非常麻烦。

为了使处理异常的工作规范化,提高程序的可读性,C++语言提供了一种结构化的异常处理机制,其基本思想是将程序中正常处理代码与异常处理代码明显地区分开来,即将异常抛出、检测与捕获处理分离。利用这种机制,可以方便地在不同层次的函数之间传递异常情况。当一个函数发现错误而自身不具备处理能力时,它就引发一个异常并传递给它的调用者。如果调用者也不能处理这个错误,还可以继续传递给上级调用者去处理。如果程序始终没有处理这个异常,最后它会被传到 C++语言的运行系统处,运行系统处理异常的方式通常只是简单地终止程序。C++语言的异常处理机制的好处是使底层的函数可以致力于解决具体问题,上层调用者对不同类型异常进行适当的处理。

C++语言的异常处理机制使用 3 个关键字:throw、try 和 catch。

9.2.2 异常处理的实现

C++语言提供了用于抛出、检测和捕获异常的语句如下。

```
    throw 表达式;
```

用于抛出一个异常对象,表达式的类型代表异常类型。该语句的执行会导致流程转至处理异常的程序部分。

```
    try{
      ……
    }
    catch(异常类型声明){
      ……
    }
```

try 块结构用于检测块中的一系列操作(语句或函数调用)是否发生异常。在 try 块后必须紧跟一个或多个 catch 语句,以捕获并处理 try 块结构检测的异常。如果 try 语句块中的代码在执行过程中抛出了异常,那么就用检测到的异常顺序地与各个 catch 语句的异常类型匹配。如果它与某个 catch 语句的异常类型匹配成功,该 catch 语句便捕获了这个异常,从而转到该 catch 语句中进行异常处理。处理完毕后，整个 try 块执行完成，程序将转到这个 try 块的所有 catch 语句之后继续执行。注意，catch 语句的类型匹配过程中不进行任何类型转换，如 unsigned int 类型的异常值不能被整型的 catch 参数捕获。

【例 9-5】 除数是零的异常处理。

```
#include <iostream.h>
int div(int x,int y)
 {if(y==0)
    throw y;
  else
    return x/y;
 }
int mul(int x,int y)
 {
   return x* y;
 }
void main()
{
 int a,b;
 cout<<"please input two integers:";
 cin>>a>>b;
 try{
   cout<<div(a,b)<<","<<mul(a,b)<<endl;
 }catch(int){
   cout<<"exception of dividing zero."<<endl;
 }
cout<<"that is over."<<endl;
}
```

运行结果为：

(1) 正确输入两个数字：

```
please input two integers:12 4
3,48
that is over.
```

(2)除数为零的输入：

```
please input two integers:45 0
exception of dividing zero.
that is over.
```


9.2.3 异常处理的注意问题

异常处理中需要注意以下问题。

(1) 如果抛出的异常一直没有函数捕获(catch)，则会一直上传到 C++语言的运行系统那里，导致整个程序的终止。

(2) 一般在异常抛出后资源可以正常被释放，但注意如果在类的构造函数中抛出异常，系统是不会调用它的析构函数的，处理方法是：如果在构造函数中要抛出异常，则在抛出前应删除申请的资源。

(3) 异常处理仅仅是通过类型而不是通过值来匹配的，所以 catch 块的参数可以没有参数名称，只需要参数类型。

（4）函数原型中的异常说明要与实现中的异常说明一致，否则容易引起异常冲突。

（5）应该在 throw 语句后写上异常对象时，throw 先通过复制构造函数构造一个新对象，再把该新对象传递给 catch。

（6）catch 块的参数推荐采用地址传递而不是值传递，这样不仅可以提高效率，还可以利用对象的多态性。另外，派生类的异常捕获要放到父类异常捕获的前面，否则派生类的异常无法被捕获。

（7）编写异常说明时，要确保派生类成员函数的异常说明和基类成员函数的异常说明一致，即派生类改写的虚函数的异常说明至少要和对应的基类虚函数的异常说明相同，甚至更加严格、更特殊。

9.2.4 异常处理机制

1. 异常抛出

C＋＋语言用 throw 抛出一个异常对象，即 throw 语句后面的是一个对象，该对象可以是一个基本类型的对象也可以是一个用户自定义的对象，一般要为抛出的异常创建一个特定的类。C＋＋语言中的标准异常类为 exception，在 exception 中定义，它是任何异常类的父类，其中 runtime_error 和 logic_error 是 exception 的两个主要的派生类，它们都有一个含有字符串的构造函数，而 exception 则没有，所以通常用户的自定义类可以继承 runtime_error。一般情况下，程序抛出异常的地方和异常被处理的地方相差较远。

```
class MyExcept
{
    const char *msg;
    public:
    MyExcept(const char *m):msg(m){}
};
void f() throw (MyExcept);
void f()
{
  throw MyExcept("MyExcept");
}
```

2. 异常函数的声明

```
void f() throw (toobig,toosmall);//标明所有可能抛出的异常类型
void f();                                   //函数可能抛出任何类型的异常
void f() throw ();                         //函数不抛出任何类型的异常
```

3. 异常匹配和捕获

与 Java 语言一样，C＋＋语言用 catch 捕获抛出的异常，C＋＋语言匹配异常的方式是从 catch 列表中找到与异常类型最为相似的，然后停止向后匹配。其中，子类可以匹配其父类，所以一般要将父类型的异常写在 catch 列表的后面，并且尤其要注意的是，如果 catch 语句中的是异常父类对象的话，则派生类会被切割，所以派生类中的一些相关信息会丢失。因此，catch 语句中一般为异常对象的引用或指针，异常对象中的 what()方法会打印出相关的异常信息。

```
class MyError:public runtime_error
{
  public:
    MyError(const char *msg):runtime_error(msg){}
};
void f()
{
    throw MyError("exception happened.");
}
int main()
{
    try
      { f();}
   catch(MyError& exp)
      { cout<<exp.what()<<endl;}
}
```

与其他语言一样，如果某个异常被抛出后而得不到处理的话，那么它就会被传到上一层，一直到最后如果仍然得不到处理，则会调用 terminate 函数，terminate 函数会调用标准 C 函数库中的 abort 函数，而当 abort 函数被调用时，程序不会调用正常的终止函数，此时，全局对象和静态对象的析构函数不能被调用，因此会造成内存泄漏。此外，当析构函数抛出异常时，terminate 函数也会被调用，因此，一般来说，不允许析构函数抛出异常。

4. 清理

C++语言的异常处理确保在程序的执行流程离开某个作用域的时候，对于同一个作用域里由构造函数建立起来的对象，它的析构函数必须被调用。有一种情况，即在 catch 语句中，又抛出了异常，如果 catch 语句中有释放空间的代码，那么就有可能会没有释放一些堆上动态生成的对象。此时可以用 auto_ptr 来帮助清理。

5. 函数级 try 块

因为构造函数可以抛出异常，因此有时希望在派生类的成员还没有初始化的时候能够处理父类构造函数抛出的异常，此时可以用函数级 try 块。函数级 try 块的具体写法为 try 写在函数的开始花括号前面，catch 写在函数的结束花括号后面。对于成员初始化列表，try 要写在初始化列表前面。

【例 9-6】 异常处理应用案例。

```
#include <iostream.h>
#include <exception>
class Base
{
    int i;
public:
    class BaseExcept{};
    Base(int i):i(i){throw BaseExcept();}
};
class Derived:public Base
{
```

```
public:
    class DerivedExpt:public runtime_error
      {
        public:
          DerivedExpt(const char *msg):runtime_error(msg){}
      };
    Derived(int i) try:Base(i){}
      catch
(……)
{
throw DerivedExpt("exception happened in constructor.");
}
};
void main()
{
    Derived derived(2);
}
```

本章小结

本章先详细介绍了模板的概念,模板是一种安全的、高效的重用代码方式,它被应用于参数化类型,在创建对象或函数时所传递的类型参数可以改变其行为;接着介绍了模板的具体应用。同时,本章还介绍了异常的概念,所谓异常就是指程序中有运行错误。异常处理使程序中错误的检测简单化,并提高了程序处理错误的能力。为了检测异常,程序中使用 try、catch 和 throw 语句。try 语句使 C++语言能够进行异常检测;catch 语句紧跟在 try 语句之后是为了捕获异常;通过程序中的 throw 语句报告异常。

习　题　9

一、编写程序

1. 编写一个函数模板,要求函数返回两个值中的较小值。

2. 设有下列类的声明:

```
class A{
  public:
   A()
    {
      n=new int;
      init();
    }
  private:
     int  n;
};
```

写出 init()引发异常的处理程序。

实验项目

实验 1　熟悉 Visual C＋＋ 6.0 集成开发环境

一、实验目的

(1) 了解 Visual C＋＋ 6.0 的特点，熟悉 visual C＋＋6.0 的开发环境。

(2) 学习用 Visual C＋＋6.0 编写标准的 C＋＋控制台程序。

(3) 通过运行简单的程序，初步了解 C＋＋程序的结构和特点以及 C＋＋程序的书写规范。

(4) 掌握基本的程序调试方法。

二、实验内容

(1) 使用 Visual C＋＋6.0 来建立一个非图形化的标准 C＋＋程序，编译、运行以下程序。

```
#include < iostream.h>
void main()
{
 cout<<"Hello! welcome to China! "<<endl;//在显示器上显示双引号中内容
}
```

(2) 从键盘上输入两个整数，计算它们的和以及它们的差，并在屏幕上显示出计算结果。

(3) 求半径 35 和半径 85.5 的两个圆的面积和周长，并在屏幕上显示出计算结果（圆周率取 3.14）。

三、实验步骤

1. 运行开发工具 Microsoft Visual C＋＋6.0

选择“开始”→“程序”→“Microsoft Visual Studio 6.0”→“Microsoft Visual C＋＋6.0”命令，弹出 Visual C＋＋6.0 开发环境窗口。

2. 建立一个项目文件

(1) 选择“文件(F)”→“新建(N)”命令，弹出如实验图 1-1 所示的“新建”对话框。

(2) 在“新建”对话框中选择“工程”选项卡，在“工程”选项卡中，选中“Win32 Console Application”(Win32 控制台应用程序)选项。在“工程名称(N)”文本框中输入项目的名字“myproject”，在“位置(C)”文本框中指定保存路径，单击“确定”按钮。如实验图 1-2 所示。

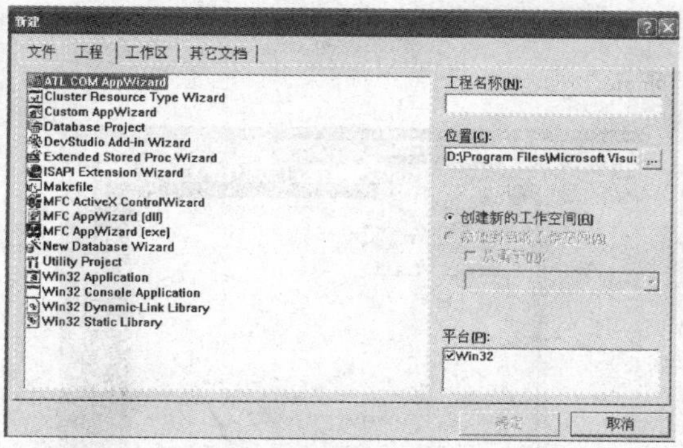

实验图 1-1 “新建”对话框

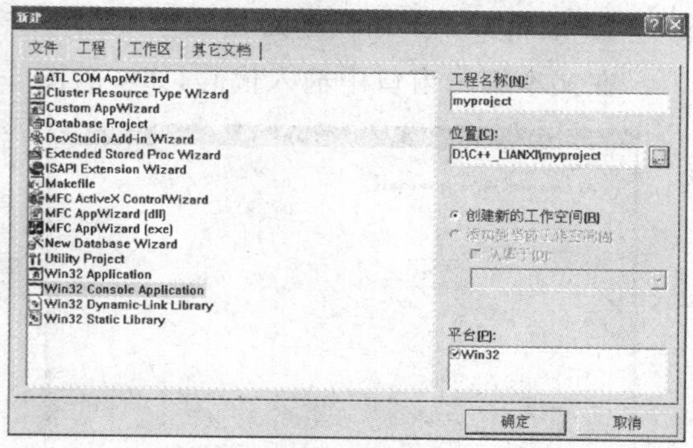

实验图 1-2 设置工程名字、路径

(3) 在弹出的“Win32 Console Application—步骤 1 共 1 步”对话框中选中“一个空工程(E)”复选框，然后单击“完成”按钮，如实验图 1-3 所示。

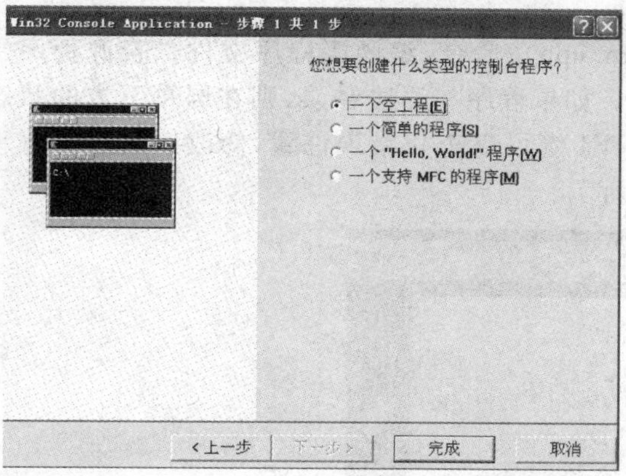

实验图 1-3 控制台应用程序创建步骤 1

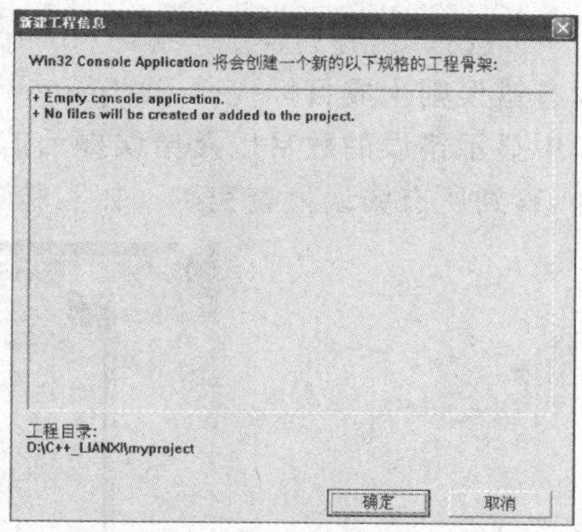

实验图 1-4 创建控制台应用程序信息汇总

(4) 最后在“新建工程信息”对话框中单击“确定”按钮，如实验图 1-4 所示。

3. 建立 C++源程序文件

(1) 选择“工程(P)”→“增加到工程(A)”→“新建(N)”命令，弹出“新建”对话框，如实验图 1-5 所示。

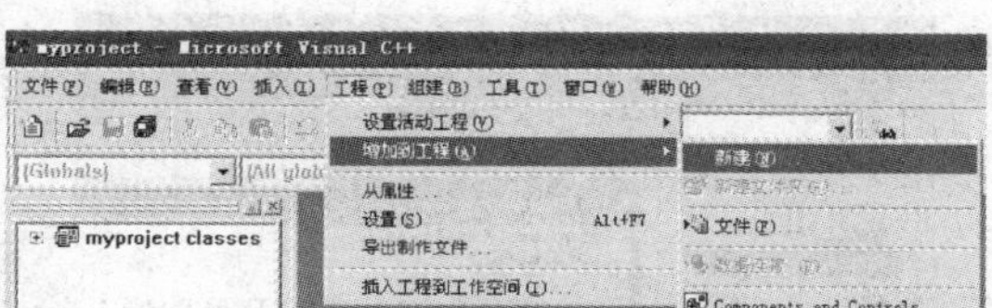

实验图 1-5 选择“新建”命令

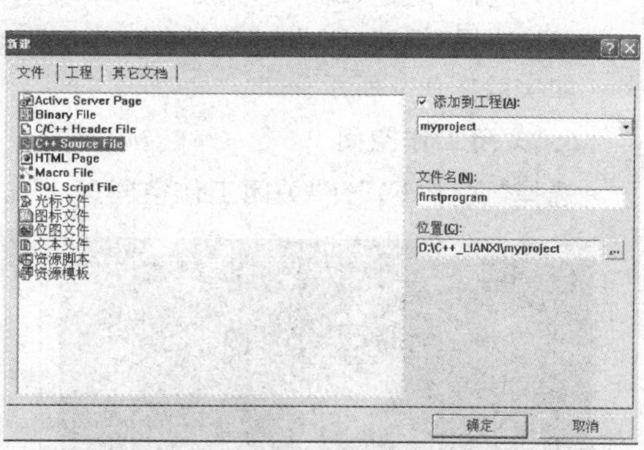

实验图 1-6 添加新的源程序文件

(2) 在“新建”对话框中选择“文件”选项卡，在“文件”选项卡中选中“C++ Source File”选项，并在“文件名(N)”文本框中输入文件名称“firstprogram”，单击“确定”按钮。如实验图 1-6 所示。

4. 编辑 C++源程序文件

在文本编辑窗口中输入代码，如实验图 1-7 所示。

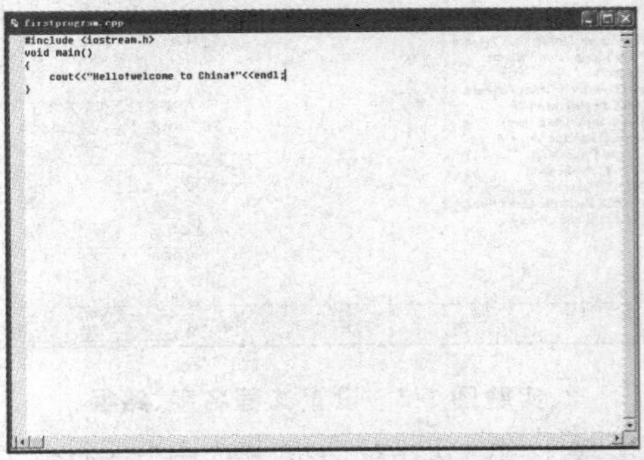

实验图 1-7　C++源程序文件代码的输入

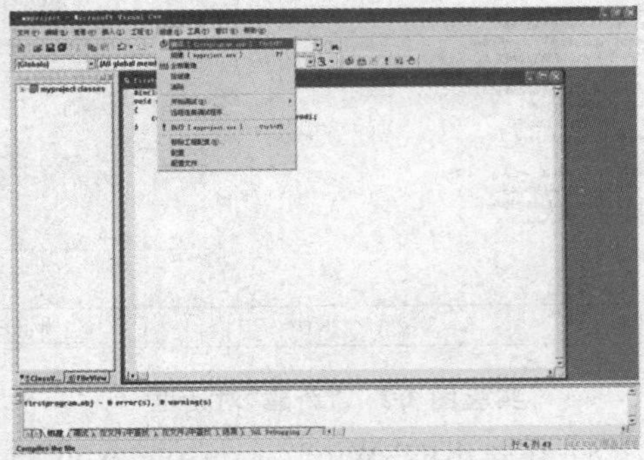

实验图 1-8　编译源程序

5. 编译源程序并建立可执行文件

(1) 选择“组建(B)”→“编译(firstprogram. cpp)”命令，编译源程序文件。若源程序文件没有错误则生成目标代码 firstprogram. obj。如果程序有语法错误，则在屏幕下方的状态窗口中显示错误的数目以及错误提示信息，按 F4 键可以查找错误位置，修改以后还得重新编译，直到所有错误检查完毕。如实验图 1-8 所示。

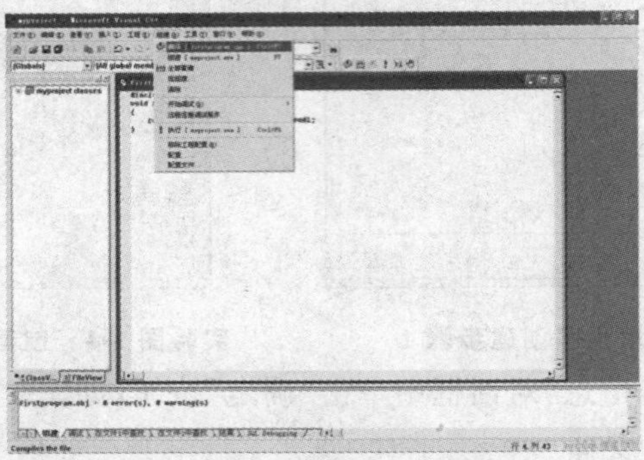

实验图 1-8　编译源程序

(2) 选择“组建(B)”→“组建(firstprogram. exe)”命令，链接生成可执行文件。

(3) 选择“组建(B)”→“执行(firstprogram. exe)”命令，运行程序，结果在屏幕上显示出来。如实验图 1-9 所示。

6. 关闭工作空间

选择“文件(F)”→“关闭工作空间(X)”命令，关闭当前的项目。如实验图 1-10 所示。

实验图 1-9　可执行程序执行结果

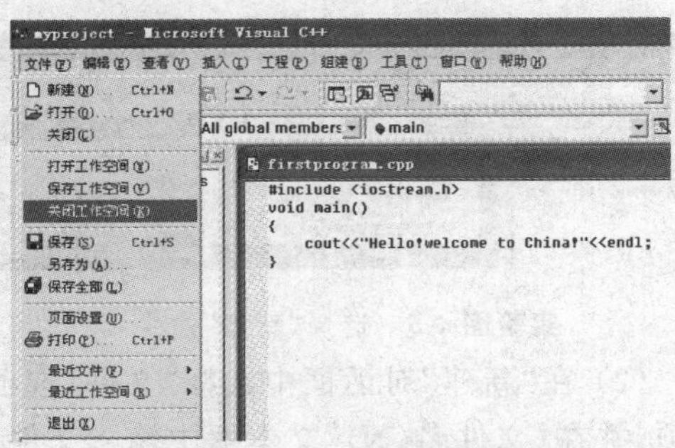

实验图 1-10　关闭当前项目

四、思考与练习

(1) 一个C++程序是由几部分组成的？每一个部分的作用是什么？

(2) 调试C++源程序需要哪几步？每一步对应的文件扩展名是什么？

(3) 编译下面的程序，找出错误并分析程序的运行结果。

```
#include <iostream>
void main()
{
  cin>>x;
  int y=x*x;
  cout<<"y="<<y<<endl;
}
```

实验 2　吉祥航空公司货物托运费用计算案例分析

一、实验目的

(1) 对软件开发有一个大致的了解和理解。

(2) 明确软件开发前的需求分析的重要性。

(3) 掌握概要设计与详细设计中的细节问题。

(4) 帮助学生建立软件开发相关技术的横向及纵向关系，培养学生的综合应用能力。

二、实验内容

市场调研情况：吉祥航空公司对乘客随身携带的物品重量上有一个限制，具体收费标准如下。

(1) 乘客所携带物品的质量不超过15千克时，免费携带。

(2) 乘客所携带物品的质量超过15千克，但是小于25千克时，收费标准如下。

- 15千克以下的货物不收费。
- 15千克以上的货物，按照每千克12元的收费标准收费。

(3) 超过25千克，但小于45千克时，收费标准如下。

- 15千克以下的货物不收费。
- 15～25千克之间的货物，按照每千克12元标准收费。
- 25千克以上的货物，按照每千克15元标准收费。

(4) 超过45千克，但小于80千克时，收费标准如下。

- 15千克以下的货物不收费。
- 15～25千克之间的货物，按照每千克12元标准收费。
- 25～45千克之间的货物，按照每千克15元标准收费。
- 45千克以上的货物，按照每千克20元标准收费。

(5) 超过80千克时，收费标准如下。

- 15千克以下的货物不收费。

- 15～25 千克之间的货物，按照每千克 12 元标准收费。
- 25～45 千克之间的货物，按照每千克 15 元标准收费。
- 45～80 千克以上的货物，按照每千克 20 元标准收费。
- 80 千克以上的货物，按照每千克 30 元标准收费。

三、实验步骤

(1) 需求分析　写出需求分析报告书，包括项目的目的、意义、功能等情况。

(2) 概要设计　确定项目功能、画出模块图。

(3) 详细设计　画出主要算法的流程图。

(4) 简单编码、调试、运行　按照实验 1 的步骤，进行编码、调试、运行，检测最终结果。

四、思考与练习

(1) 相似的行业领域，如火车运输、汽车运输或者其他行业中的案例，试按本实验的方法来分析情况。

(2) 读者自行分析需求分析的结果是否合理。

(3) 熟练掌握流程图的图符含义以及流程图的画法。

(4) 了解并掌握算法表示的其他方法，如盒图、PAD 等。

实验 3　吉祥航空货物托运费用的简单计算

一、实验目的

(1) 掌握简单的数据类型变量的定义及应用。

(2) 了解并掌握数据的输入和输出操作。

(3) 掌握顺序结构、分支结构。

(4) 掌握函数的定义及其调用。

二、实验内容

(1) 分析问题，确定所需要变量以及变量的类型，如货主代号(char)、货物重量(float)和运费(float)等。

(2) 确定所需要的函数，如 init 函数、input 函数、output 函数、calcCharge 函数以及 main 函数等。

(3) 针对函数功能，确定算法。

(4) 根据函数定义格式以及标准进行代码设计。

(5) 具体代码如下。

```
#include <iostream.h>
void init(char &ow,float &wei,float &cha)
{
  ow='$';
  wei=0;
```

```
    cha=0;
  }
  void input(char &ow,float &wei)
  {
   cout<<"please input the ower's symbol(a char):";
   cin>>ow;
   cout<<"please input the weight of cargo:";
   cin>>wei;
  }
  float calcCharge(float weight)
  {
    float charge=0;
    if(weight<=15)
       charge=charge;
    else if(weight>15 && weight<=25)
       charge=charge+(weight-15)*12;
    else if(weight>25 && weight<=45)
       charge=charge+ (25-15)*12+ (weight-25)*15;
    else if(weight>45 &&weight<=80)
       charge=charge+(25-15)*12+(45-25)*15+(weight-45)*20;
    else
  charge=charge+(25-15)*12+ (45-25)*15+(80-45)*20+(weight-80)*30;
    return charge;
  }
  void output(char ow,float wei,float cha)
  {
    cout<<"The ower's symbol is:"<<ow<<endl;
    cout<<"The weight is:"<<wei<<endl;
    cout<<"The charge is:"<<cha<<endl;
  }
  void main()
  {
    cout<<"This is cargo-charge program! "<<endl;
    char owner;
    float weight;
    float charge;
    init(owner,weight,charge);
    input(owner,weight);
    charge=calcCharge(weight);
    output(owner,weight,charge);
  }
```

三、实验步骤

(1) 启动 Visual C++ 6.0。

(2) 编码。
(3) 调试。
(4) 测试。

四、思考与练习

(1) 上述算法中是否可以改为 switch 语句实现。
(2) 使用 debug 调试功能观察实验内容中程序运行各变量值的变化情况，并查找相关资料了解 debug。
(3) 掌握 if 与 else 的配对关系。

实验 4　完善吉祥航空货物托运费用的计算

一、实验目的

(1) 对实际问题深入分析，明确系统的完善是一个循序渐进的过程。
(2) 掌握开关语句的格式、执行规则以及具体应用。
(3) 了解三种循环结构，掌握 while 语句实现循环的方法。
(4) 了解 break 语句的作用。
(5) 进一步学习调试程序。

二、实验内容

(1) 分析问题，如何使程序的功能更加完善与实用。
(2) 完善主函数。
(3) 具体代码如下。

```
#include <iostream.h>
void init(char &ow,float &wei,float &cha)
{
  ow='$ ';
  wei=0;
  cha=0;
}
void input(char &ow,float &wei)
{
 cout<<"please input the ower's symbol(a char):";
 cin>>ow;
 cout<<"please input the weight of cargo:";
 cin>>wei;
}
float calcCharge(float weight)
{
  float charge=0;
  if(weight<=15)
     charge=charge;
```

```
    else if(weight>15 && weight<=25)
      charge=charge+(weight-15)*12;
    else if(weight>25 && weight<=45)
      charge=charge+(25-15)*12+(weight-25)*15;
    else if(weight>45 &&weight<=80)
      charge=charge+(25-15)*12+(45-25)*15+(weight-45)*20;
    else
  charge=charge+(25-15)*12+(45-25)*15+(80-45)*20+(weight-80)*30;
    return charge;
  }
  void output(char ow,float wei,float cha)
  {
    cout<<"The ower's symbol is:"<<ow<<endl;
    cout<<"The weight is:"<<wei<<endl;
    cout<<"The charge is:"<<cha<<endl;
  }
  void main()
  {
    cout<<"This is cargo-charge program!"<<endl;
    char owner;
    float weight;
    float charge;
    init(owner,weight,charge);
    char c;
    while(true)
    {
     cout<<"\n*************************************";
     cout<<"\n          This is a cargo- charge program";
     cout<<"\n\n A:Accept a data.";
     cout<<"\n\n C:Calculate data.";
     cout<<"\n\n D:Display result.";
     cout<<"\n\n Q:Quit the system.";
     cout<<"\n*************************************";
     cout<<"\n please input a capital letter:";
     cin>>c;
     switch(c)
     {
      case 'A':input(owner,weight);break;
      case 'C':charge=calcCharge(weight);break;
      case 'D':output(owner,weight,charge);break;
      case 'Q':return;
      default:cout<<"\n 您所输入字符错误,请重新输入!";
     }
    }
  }
```

三、实验步骤

(1) 若该系统能够智能化计算若干位乘客的货物费用,直到工作人员要求它停止为止,这样不仅可以将工作人员的工作量降低很多,而且同时可以提高系统的功能。

(2) 若该系统能够自动识别出货物重量所在收费段,则自动调用该段计算公式自动进行计算,从而使该系统的功能更强大。

(3) 依据实际需求分析结果,确定算法,完善功能。

(4) 编码、调试、运行。

四、思考与练习

(1) 若 switch 语句中的 break 不写,程序运行的情况如何。

(2) 若将 default 语句放在 switch 语句中的第一个位置处,或者 case 语句之间,情况会如何。

(3) 简述 for 循环与 while 循环的区别。

实验 5　用数组来完善吉祥航空货物托运费用计算程序

一、实验目的

(1) 了解数组的概念以及一维数组、二维数组的含义。

(2) 学会一维数据的定义和数组元素的表示方法。

(3) 掌握数组作为参数传递的应用。

二、实验内容

(1) 分析实际问题。实验 4 中的程序代码只能保存一个乘客的信息,乘客信息也只是一个字符的代号,这与实际生活不相符。

(2) 确定乘客信息用字符数组来表示字符串(乘客姓名)。

(3) 每天的托运货物的乘客也可能是一个,所以需要考虑实际情况,本实验中假设一天有 20 名乘客进行托运。

(4) 托运货物的重量分段、收费标准也分段可以简化程序,使程序更加实用。

(5) 具体代码如下。

```
#include <iostream.h>
#include<stdlib.h>
#include <string.h>
#define MAXITEM  5
int total=0;
float weightRange[MAXITEM]={15.0,25.0,45.0,80.0,500.0};
float chargeRange[MAXITEM]={0.0,12.0,15.0,20.0,30.0};
void  init(char ow[20][15],float wei[20],float cha[20])
 {int  i;
  for(i=0;i<20;i++)
   {
```

```
    ow[i][0]='\0';
    wei[i]=0.0;
    cha[i]=0.0;
    }
  }
 void  input(char ow[20][15],float wei[20])
  { if(total<20)
     { cout<<"please input"<<total<<"the passenger's name:";
       cin>>ow[total];
       cout<<"please input"<<total<<"the weight of the cargo:";
       cin>>wei[total];
       total++;
     }
    else
     cout<<"the number that you input is over the limit!"<<endl;
 }
 float calcChargeOne(float weight)        //单个乘客的货物运费计算
 {
   int  i;
   float tw=weight;
   float charge=0.0;
   float rc=0.0f;
   float pw=0.0f;
   for(i=0;i<MAXITEM;i++)
    {
    if(tw>(weightRange[i]-pw))
     {
       rc=rc+(weightRange[i]-pw)*chargeRange[i];
       tw=weight-weightRange[i];
       pw=weightRange[i];
     }
    else
    {
      rc=rc+tw*chargeRange[i];
      charge=rc;
      return charge;
    }
  }
  charge=rc+tw*chargeRange[MAXITEM-1];
  return charge;
 }
 void calcCharge(float wei[20],float cha[20])
 {
   int i;
   for(i=0;i<total;i++)
```

```
    cha[i]=calcChargeOne(wei[i]);
  }
  void  outputAll(char ow[20][15],float wei[20],float cha[20])
  {  int i;
    for(i=0;i<total;i++)
    {
      cout<<"The"<<i<<"passenger's name is:"<<ow[i]<<endl;
      cout<<"The"<<i<<"cargo's weight is:"<<wei[i]<<endl;
      cout<<"The"<<i<<"cargo's charge is:"<<cha[i]<<endl;
    }
  }
  void  outputOne(char ow[20][15],float wei[20],float cha[20])
  {  char temp[15];
    cout<<"please input the owner'name:";
    cin>>temp;
    int i=0;
    for(i=0;i<10;i++)
    {
      if(strcmp(ow[i],temp)==0)
      {
      cout<<"The"<<i<<"passenger's name is:"<<ow[i]<<endl;
      cout<<"The"<<i<<"cargo's weight is:"<<wei[i]<<endl;
      cout<<"The"<<i<<"cargo's charge is:"<<cha[i]<<endl;
      }
     }
    cout<<"The owner is not existe! "<<endl;
    return;
  }
  void main()
  {
  char owner[20][15];
  float weight[20];
  float charge[20];
  init(owner,weight,charge);
  char ch;
  while(true)
  {
      cout<<"\n************************************";
      cout<<"\n     This is cargo-charge program.";
      cout<<"\n A:Accept passenger's data.";
      cout<<"\n C:Calculate passenger's charge.";
      cout<<"\n D:display total passenger's number.";
      cout<<"\n O:display a passenger's data.";
      cout<<"\n Q:quit the system.";
      cout<<"\n************************************";
```

```
    cout<<"\n please input a capital letter:";
    cin>>ch;
    switch(ch)
    {
     case 'A':input (owner,weight);break;
     case 'C':calcCharge(weight,charge);break;
     case 'D':outputAll(owner,weight,charge);break;
     case 'O':outputOne(owner,weight,charge);break;
     case 'Q':return;
     default:cout<<"\n Your enter is error.";
     }
  }
  }
```

三、实验步骤

（1）分析实际问题，确定数组采用的维数。

（2）为保证程序后续的扩充，定义数组需要根据实际情况来进行。

（3）确定算法。

（4）编码、调试、运行。

四、思考与练习

（1）数组的定义与使用，其优缺点在哪里。

（2）进一步思考该实验项目，分析该程序代码的优点和缺点。

（3）编写程序，对一个班级中 30 名学生 5 门课程，求每一个学生的平均成绩和每一门课程的平均成绩。

（4）编写程序，用冒泡法对 10 个数进行排序。

实验 6　用指针动态申请内存空间来保存货物数据

一、实验目的

（1）掌握指针的概念，学会定义和使用指针变量。

（2）理解指针与数组的关系并灵活应用。

（3）理解并掌握指针与地址、指针的运算。

（4）掌握动态申请内存空间的具体操作。

二、实验内容

（1）分析实际问题。货物托运的实际情况是：在不同的季节可能计算的工作量不同，每一天的托运计算量也不同，需要调整程序代码，灵活应对。

（2）动态申请内存空间，需要用指针引导所申请空间的地址。

（3）具体代码如下。

```
#include <iostream.h>
#include <stdlib.h>
#define MIN 10
void main()
 {
  int total=0;
  float * weight;
  weight=new float[MIN];
  int i;
  for(i=0;i<MIN;i++)
     weight[i]=0.0;
  char c;
  while(true)
  {
   cout<<"\n********************************";
   cout<<"\n        This is a cargo-charge program";
   cout<<"\n A:Accept  passenger's weight.";
   cout<<"\n D:Display  all passenger's weight.";
   cout<<"\n Q:Quit  the system.";
   cout<<"\n********************************";
   cout<<"\n please input a upper char:";
   cin>>c;
   switch(c)
   {
    case 'A':
     if(total>=MIN)
       weight=(float *)realloc(weight,(total+1)*sizeof(float));
     cout<<"please  enter  the"<<total<<"cargo's weight:";
     cin>>weight[total];
     total++;
     break;
   case 'D':
     for(i=0;i<total;i++)
         cout<<"The"<<i<<"weight is:"<<weight[i]<<endl;
       break;
   case 'Q':delete[] weight;return;
   default:cout<<"\n 你输入的字符错误,请重新输入!";
   }
  }
 }
```

三、实验步骤

（1）改善程序，使得无论旅游旺季还是淡季，无论乘客的多少均可以应付自如。

（2）了解指针动态申请内存空间的具体知识。

(3) 编写程序、调试、运行。

四、思考与练习

(1) 通过 debug 观察指针的内容及其所指对象的内容。
(2) 编写程序,实现对一个字符串长度的测量,函数的返回值就是字符串的长度。

实验 7　面向对象方法实现货物运输费用计算

一、实验目的

(1) 掌握类的定义、类的成员属性。
(2) 掌握对象的声明以及使用方法。
(3) 理解类中成员的访问权限的含义及实际应用。

二、实验内容

(1) 实际问题分析。程序中所涉及具体对象可以抽象为类的形式,类可以简化程序代码,使程序更容易扩充和复用。

(2) 依据实际问题确定类 Cargo 的成员(包括 weightt、charge)以及成员函数(包括 init 函数、input 函数、calcCharge 函数、output 函数)。

(3) 具体代码如下。

```
#include <iostream.h>
class Cargo
{
  private:
   float weight;
   float charge;
 public:
   void init();
   void input();
   void calcCharge();
   void output();
};
void Cargo::init()
{
 weight=0.0;
 charge=0.0;
}
void Cargo::input()
{
  cout<<"please input a cargo's weight:";
  cin>>weight;
  calcCharge();
}
```

```
void Cargo::calcCharge()
{
  if(weight<=15)
     charge=charge;
  else if(weight>15 && weight<=25)
     charge=charge+(weight-15)* 12;
  else if(weight>25 && weight<=45)
     charge=charge+(25-15)*12+(weight-25)*15;
  else if(weight>45 &&weight<=80)
     charge=charge+(25-15)*12+(45-25)*15+(weight-45)*20;
  else if(weight>80)

c harge=charge+(25-15)*12+(45-25)*15+(80-45)*20+(weight-80)*30;
 else
   charge=0.0;
}
void Cargo::output()
{
  cout<<"The cargo's weight is:"<<weight<<endl;
  cout<<"The cargo's charge is:"<<charge<<endl;
}
void main()
{
  cout<<"这是货物运输费用计算程序"<<endl;
  Cargo c;
  c.calcCharge();
  c.init();
  c.input();
  c.output();
}
```

三、实验步骤

(1) 分析实际问题。现实世界中研究事物都是以一个事物的整体(包括其静态特征和动态特征)为研究对象,所以采用面向对象的方法设计程序更加合理。

(2) 创建 Cargo 类,确定包含的数据成员和成员函数。

(3) 确定成员函数的功能。

(4) 编码、调试、运行。

四、思考与练习

(1) 类的定义格式以及注意事项。

(2) 类中成员的访问权限。

(3) 定义一个学生类 Student,合理的确定包含的数据成员和成员函数。

实验 8　吉祥航空货运物品中静态变量的使用

一、实验目的

（1）了解静态变量和静态函数的概念以及存在的意义。

（2）掌握静态变量和静态函数的定义方法以及应用。

（3）理解静态变量、静态函数在货物运费计算程序中的作用。

二、实验内容

（1）分析实际问题。一个程序的功能是否强大，其扩充能力如何是评价标准之一，如果可以根据乘客的数量随意增加输入的信息，并随时显示当前乘客的数量，会使程序更加完善，有实际功效。

（2）用一个静态变量存储当前乘客数量，再用一个静态变量存储分段收费标准。

（3）用一个静态函数显示当前的乘客数量。

（4）具体代码如下。

```
#include <iostream.h>
#include<stdlib.h>
#define MIN 10
#define MAXITEM 5
class Cargo
{ private:
   static float weightRange[MAXITEM];
   static float chargeRange[MAXITEM];
   float weight;
   float charge;
   char owner[15];
  public:
   static int totalMember;
   void init();
   void input();
   void calcCharge();
   static void outputTotalMember();
   void output();
};
int Cargo::totalMember=0;
float Cargo::weightRange[MAXITEM]={15.0,25.0,45.0,80.0,500.0};
float Cargo::chargeRange[MAXITEM]={0.0,12.0,15.0,20.0,30.0};
void Cargo::outputTotalMember()
{cout<<"Now, the total passenger's number in this day is:"<<Cargo::
totalMember<<endl;}
void Cargo::init()
 {
```

```
  owner[0]='\0';
  weight=0.0;
  charge=0.0;
}
void Cargo::input()
{
  cout<<"please input the passenger's name:";
  cin>>owner;
  cout<<"please input the weight of the cargo:";
  cin>>weight;
}
void Cargo::calcCharge()
{
  int  i;
float tw=weight;
   float rc=0.0f;
   float pw=0.0f;
for(i=0;i<MAXITEM;i++)
    {
if(tw>(weightRange[i]-pw))
   {
     rc=rc+(weightRange[i]-pw)*chargeRange[i];
     tw=weight=weightRange[i];
     pw=weightRange[i];
}
else
{
    rc=rc+tw*chargeRange[i];
    charge=rc;
    return;
}
}
charge=rc+tw*chargeRange[MAXITEM-1];
return;
}
void Cargo::output()
{
cout<<"The passenger's name is:"<<owner<<endl;
cout<<"The cargo's weight is:"<<weight<<endl;
cout<<"The cargo's charge is:"<<charge<<endl;
}
void main()
{
   cout<<"This is cargo- charge program:"<<endl;
   Cargo *c;
```

```
    c=new Cargo[MIN];
    char ch;
    int  i;
    while(true)
    {
      cout<<"\n************************************";
      cout<<"\n     This is cargo-charge program:";
      cout<<"\n A:Accept passenger's data:";
      cout<<"\n D:Display total passenger's number.";
      cout<<"\n O:Display all passenger's data.";
      cout<<"\n Q:Quit the system.";
      cout<<"\n*************************************";
      cout<<"\n please choose:";
      cin>>ch;
      switch(ch)
      {
        case  'A':
                if(Cargo::totalMember>=MIN)
c=(Cargo*)realloc(c,(Cargo::totalMember+1)*sizeof(Cargo));
                c[Cargo::totalMember].init();
                c[Cargo::totalMember].input();
                c[Cargo::totalMember].calcCharge();
                Cargo::totalMember++;
                break;
        case  'D':Cargo::outputTotalMember();
                  break;
        case  'O':for(i=0;i<Cargo::totalMember;i++)
                  { cout<<"The"<<  i<<"passenger's date:"<<endl;
                    c[i].output();
                  }
                  break;
       case  'Q':delete[] c;break;
       default:cout<<"\n Your enter is error.";
      }
    }
}
```

三、实验步骤

（1）确定在程序中应用静态变量和静态函数具有的实用价值。
（2）定义两个静态变量，分别表示当前乘客数量和分段收费标准。
（3）定义一个静态函数，完成显示当前乘客数量的功能。
（4）编码、调试、运行。

四、思考与练习

(1) 静态变量、静态函数在程序中的作用。

(2) 静态变量的定义和初始化需要的注意事项。

(3) 静态函数的定义和具体的使用。

实验 9　吉祥航空货物类的完整定义

一、实验目的

(1) 了解构造函数和析构函数的概念及其含义。

(2) 掌握构造函数和析构的函数的定义及其应用。

(3) 了解构造函数和析构函数在类中的作用。

二、实验内容

(1) 分析实际问题。完善 Cargo 类(包括数据成员与成员函数)。

(2) 根据实际情况确定数据成员的类型。

(3) 根据实际情况完成成员函数功能的实现。

(4) 具体代码如下。

```
#include <string.h>
#include <iostream.h>
#define MAXITEM 5
class Cargo
{
  protected:
     char owner[40];
     float weight;
     char destination[100];
     char content[200];
     float charge;
     static float weightRange[MAXITEM];
     static float chargeRange[MAXITEM];
public:
 Cargo(char *owner,float weight,char *  destination,char *content);
~ Cargo(){};
float calcCharge();
char *getOwner();
float getWeight();
char *getDestination();
char *getContent();
float getCharge();
};
float Cargo::weightRange[MAXITEM]={15.0,25.0,45.0,80.0,500.0};
```

```
float Cargo::chargeRange[MAXITEM]={0.0,12.0,15.0,20.0,30.0};
Cargo::Cargo(char * owner,float weight,char * destination,char * content)
{
  strcpy(this->owner,owner);
  this->weight=weight;
  strcpy(this->destination,destination);
  strcpy(this->content,content);
}
float Cargo::calcCharge()
{
 int i;
 float tw=weight;
 float rc=0.0f;
 float pw=0.0f;
 for(i=0;i<MAXITEM;i++)
 {
   if(tw>(weightRange[i]-pw))
   {
    rc=rc+(weightRange[i]-pw)*chargeRange[i];
    tw=weight-weightRange[i];
    pw=weightRange[i];
    }
  else
   {
     rc=rc+tw*chargeRange[i];
     charge=rc;
     return  charge;
   }
 }
 charge=rc+tw*chargeRange[MAXITEM-1];
 return charge;
}
 char *Cargo::getOwner()
 {
  return owner;
}
float Cargo::getWeight()
{
  return weight;
}
char *Cargo::getDestination()
{
  return destination;
 }
```

```
char * Cargo::getContent()
{
  return content;
}
float Cargo::getCharge()
{
  return charge;
}
void main()
{
  cout<<"这是货物运输费用计算程序"<<endl;
  char owner[40];
  float weight;
  char destination[100];
  char content[200];
  cout<<"请输入货主姓名:";
  cin>>owner;
  cin.ignore();
  cout<<"请输入货物目的地:";
  cin>>destination;
  cin.ignore();
  cout<<"请输入货物内容:";
  cin>>content;
  cin.ignore();
  Cargo c(owner,weight,destination,content);
  c.calcCharge();
  cout<<endl;
  cout<<"货主:"<<c.getOwner()<<endl;
  cout<<"重量:"<<c.getWeight()<<endl;
  cout<<"目的地:"<<c.getDestination()<<endl;
  cout<<"货物内容:"<<c.getContent()<<endl;
  cout<<"运输费用:"<<c.getCharge()<<endl;
}
```

三、实验步骤

（1）确定 Cargo 类中的数据成员和成员函数。

（2）确定数据成员的类型和成员函数的功能。

（3）确定类中成员的访问权限。

（4）确定算法。

（5）编码、调试、运行。

四、思考与练习

（1）构造函数与析构函数的区别。

（2）构造函数是否可以重载？析构函数是否可以重载？

（3）设计一个 Student 类，完善类中所包含的数据成员和成员函数。

实验 10　吉祥航空货运物品中危险物品的处理

一、实验目的

（1）了解派生类与基类之间的关系。
（2）理解派生类的定义格式和生成过程。
（3）掌握派生类的构造函数的定义和使用方法。
（4）了解基类成员在不同的继承方式下在派生类中的访问权限。

二、实验内容

（1）分析实际问题。托运的物品中可以分为普通货物和具有危险性的货物。
（2）构造子类。
（3）确定子类与基类之间的继承关系。
（4）具体代码如下。

```
#include <string.h>
#include <iostream.h>
#define MAXITEM 5
class Cargo
{
  protected:
    char owner[40];
    float weight;
    char destination[100];
    char content[200];
    float charge;
    static float weightRange[MAXITEM];
    static float chargeRange[MAXITEM];
  public:
Cargo(char *owner,float weight,char *  destination,char *content);
   ~Cargo(){};
   float calcCharge();
   char *getOwner();
   float getWeight();
   char *getDestination();
   char *getContent();
   float getCharge();
};
float Cargo::weightRange[MAXITEM]={15.0,25.0,45.0,80.0,500.0};
float Cargo::chargeRange[MAXITEM]={0.0,12.0,15.0,20.0,30.0};
Cargo::Cargo(char *  owner,float weight,char *  destination,char *  content)
{
```

```
    strcpy(this->owner,owner);
    this->weight=weight;
    strcpy(this->destination,destination);
strcpy(this->content,content);
}
float Cargo::calcCharge()
{
  int i;
  float tw=weight;
  float rc=0.0f;
  float pw=0.0f;
  for(i=0;i<MAXITEM;i++)
   {
     if(tw>(weightRange[i]-pw))
      {
        rc=rc+(weightRange[i]-pw)*chargeRange[i];
        tw=weight-weightRange[i];
        pw=weightRange[i];
      }
     else
      {
        rc=rc+tw*chargeRange[i];
        charge=rc;
        return  charge;
      }
   }
 charge=rc+tw*chargeRange[MAXITEM-1];
 return charge;
}
char *Cargo::getOwner()
{
   return owner;
}
float Cargo::getWeight()
{
   return weight;
}
char *Cargo::getDestination()
{
   return destination;
}
char *  Cargo::getContent()
{
   return content;
}
```

```
float Cargo::getCharge()
{
  return charge;
}
class  airCargo:public Cargo
{
  private:
     int dangerLevel;
     char usage[100];
  public:
     airCargo(char *owner,float weight,char *destination,char *content,int dangerLevel,char * usage);
  ~ airCargo(){};
     float calcairCharge();
     int getDangerLevel();
     char *getUsage();
};
airCargo::airCargo(char * owner, float weight, char * destination, char * content,int dangerLevel,char * usage):Cargo(owner,weight,destination,content)
  {
   this->dangerLevel=dangerLevel;
   strcpy(this->usage,usage);
  }
float airCargo::calcairCharge()
{
   float fee;
   fee=calcCharge();
   if(dangerLevel==1)
       fee=fee+getWeight()*5;
   charge=fee;
   return fee;
}
int airCargo::getDangerLevel()
{
  return dangerLevel;
}
char *airCargo::getUsage()
{
  return usage;
}
void main()
{
 cout<<"这是货物运输费用计算程序"<<endl;
 char owner[40];
 float weight;
```

实验项目

```
    char destination[100];
    char content[200];
    int danger;
    char use[200];
    cout<<"请输入货主姓名:";
    cin>>owner;
    cin.ignore();
    cout<<"请输入货物目的地:";
    cin>>destination;
    cin.ignore();
    cout<<"请输入货物内容:";
    cin>>content;
    cin.ignore();
    cout<<"请输入危险物品级别:";
    cin>>danger;
    cin.ignore();
    cout<<"请输入用途简介:";
    cin>>use;
    cin.ignore();
    airCargo ac(owner,weight,destination,content,danger,use);
    ac.calcairCharge();
    cout<<"\n货主:"<<ac.getOwner()<<endl;
    cout<<"重量:"<<ac.getWeight()<<endl;
    cout<<"目的地:"<<ac.getDestination()<<endl;
    cout<<"货物内容:"<<ac.getContent()<<endl;
    cout<<"危险物品级别:"<<ac.getDangerLevel()<<endl;
    cout<<"用途简介:"<<ac.getUsage()<<endl;
    cout<<"运输费用:"<<ac.getCharge()<<endl;
}
```

三、实验步骤

（1）建立基类 Cargo。

（2）以基类 Cargo 派生出 airCargo 类。

（3）完成派生类 airCargo 的新增数据成员和成员函数的定义。

（4）编码、调试、运行。

四、思考与练习

（1）如果在本程序中的派生类 airCargo 以保护方式继承基类，调试程序时会出现什么问题？

（2）定义基类 Student，由基类派生出类 graduate student，通过分析实际情况完善其新增数据成员和成员函数。

实验 11　利用多态完善吉祥航空货物运输费用的计算程序

一、实验目的

（1）了解多态的基本概念。
（2）了解动态多态性的意义。
（3）掌握多态性的实现方法。

二、实验内容

（1）分析实际问题。若同时创建多个同类的对象，构造函数无法将所需要的参数传递给它们，这是就需要重载构造函数。

（2）重载 airCargo 类的构造函数。

（3）确定算法。

（4）具体代码如下。

```
#include <string.h>
#include <iostream.h>
#define MAXITEM 5
class Cargo
{
  protected:
    char owner[40];
    float weight;
    char destination[100];
    char content[200];
    float charge;
    static float weightRange[MAXITEM];
    static float chargeRange[MAXITEM];
  public:
Cargo(char *owner,float weight,char *  destination,char *content);
   ~ Cargo(){};
   float calcCharge();
   char *getOwner();
   float getWeight();
   char *getDestination();
   char *getContent();
   float getCharge();
};
float Cargo::weightRange[MAXITEM]={15.0,25.0,45.0,80.0,500.0};
float Cargo::chargeRange[MAXITEM]={0.0,12.0,15.0,20.0,30.0};
Cargo::Cargo(char *  owner,float weight,char *  destination,char *  content)
{
   strcpy(this->owner,owner);
```

```
    this->weight=weight;
    strcpy(this->destination,destination);
    strcpy(this->content,content);
}
float Cargo::calcCharge()
{
   int i;
   float tw=weight;
   float rc=0.0f;
   float pw=0.0f;
   for(i=0;i<MAXITEM;i++)
    {
      if(tw>(weightRange[i]-pw))
       {
         rc=rc+(weightRange[i]-pw)*chargeRange[i];
         tw=weight-weightRange[i];
         pw=weightRange[i];
       }
     else
       {
         rc=rc+tw*chargeRange[i];
         charge=rc;
         return  charge;
       }
    }
  charge=rc+tw*chargeRange[MAXITEM-1];
  return charge;
}
char *Cargo::getOwner()
{
    return owner;
}
float Cargo::getWeight()
{
    return weight;
}
char *Cargo::getDestination()
{
    return destination;
}
char *  Cargo::getContent()
{
    return content;
}
float Cargo::getCharge()
```

```
    {
      return charge;
    }
    class  airCargo:public Cargo
    {
      private:
         int dangerLevel;
         char usage[100];
      public:
        airCargo(char *owner,float weight,char *destination,char *content,int dangerLevel,char *  usage);
        airCargo():Cargo("",0,"",""){}
        ~airCargo(){};
        float calcairCharge();
        void init(char *owner,float weight,char *destination,char *content,int dangerLevel,char *usage);
        int getDangerLevel();
        char *getUsage();
    };
    airCargo::airCargo(char *owner,float weight,char *destination,char *content,int dangerLevel,char *  usage):Cargo(owner,weight,destination,content)
      {
        this->dangerLevel=dangerLevel;
        strcpy(this->usage,usage);
      }
    float airCargo::calcairCharge()
    {
       float fee;
       fee=Cargo::calcCharge();
       if(dangerLevel==1)
           fee=fee+getWeight()*5;
       charge=fee;
       return fee;
    }
    void airCargo::init(char *owner,float weight,char *destination,char *content,int dangerLevel,char *usage)
    {
      strcpy(this->owner,owner);
      this->weight=weight;
      strcpy(this->destination,destination);
      strcpy(this->content,content);
      this->dangerLevel=dangerLevel;
      strcpy(this->usage,usage);
    }
    int airCargo::getDangerLevel()
```

```
{
  return dangerLevel;
}
char *airCargo::getUsage()
{
  return usage;
}
airCargo ac[1000];
int count=0;
int showMenu();
void inputData();
void main()
{
  cout<<"这是货物运输费用计算程序"<<endl;
  while(count<1000)
  {
    int choice;
    choice=showMenu();
    switch(choice)
    {
    case 1:inputData();break;
    case 2:break;
    case 3:break;
    case 0:return;
    }
  }
}
int showMenu()
{
  int ch;
  cout<<endl;
  cout<<"请选择你要执行的功能:"<<endl;
  cout<<"1:录入货物数据并计算费用"<<endl;
  cout<<"2:暂时未用"<<endl;
  cout<<"3:暂时未用"<<endl;
  cout<<"0:退出程序的运行"<<endl;
  cout<<"请选择:";
  cin>>ch;
  return ch;
}
void inputData()
{
  char owner[40];
  float weight;
  char destination[100];
```

```
        char content[200];
        int danger;
        char use[200];
        cout<<"请输入货主姓名:";
        cin>>owner;
        cin.ignore();
        cout<<"请输入货物重量:";
        cin>>weight;
        cin.ignore();
        cout<<"请输入货物目的地:";
        cin>>destination;
        cin.ignore();
        cout<<"请输入货物内容:";
        cin>>content;
        cin.ignore();
        cout<<"请输入危险物品级别:";
        cin>>danger;
        cin.ignore();
        cout<<"请输入用途简介:";
        cin>>use;
        cin.ignore();
        ac[count].init(owner,weight,destination,content,danger,use);
        ac[count].calcCharge();
        cout<<"\n货主:"<<ac[count].getOwner()<<endl;
        cout<<"重量:"<<ac[count].getWeight()<<endl;
        cout<<"目的地:"<<ac[count].getDestination()<<endl;
        cout<<"货物内容:"<<ac[count].getContent()<<endl;
        cout<<"危险物品级别:"<<ac[count].getDangerLevel()<<endl;
        cout<<"用途简介:"<<ac[count].getUsage()<<endl;
        cout<<"运输费用:"<<ac[count].getCharge()<<endl;
        count++;
    }
```

三、实验步骤

(1) 确定构造函数重载的必要性。
(2) 重载构造函数。
(3) 编码、调试、运行。

四、思考练习

(1) 分析多态性实现的机制。
(2) 分析类 Cargo 的构造函数是否需要重载。

实验 12　吉祥航空货物托运费用的查询

一、实验目的

(1) 进一步了解开关语句的应用。
(2) 了解程序完善的循序渐进的过程。
(3) 完善程序的功能,增加查询功能。

二、实验内容

(1) 分析实际问题。货物运费不仅可以自动计算出来,而且还可以依据一定的条件进行查询。

(2) 确定查询功能。

(3) 完善程序。

(4) 具体代码如下。

```
#include <string.h>
#include <iostream.h>
#define MAXITEM 5
class Cargo
{
  protected:
    char owner[40];
    float weight;
    char destination[100];
    char content[200];
    float charge;
    static float weightRange[MAXITEM];
    static float chargeRange[MAXITEM];
  public:
Cargo(char *owner,float weight,char * destination,char *content);
    ~Cargo(){};
    float calcCharge();
    char *getOwner();
    float getWeight();
    char *getDestination();
    char *getContent();
    float getCharge();
};
float Cargo::weightRange[MAXITEM]={15.0,25.0,45.0,80.0,500.0};
float Cargo::chargeRange[MAXITEM]={0.0,12.0,15.0,20.0,30.0};
Cargo::Cargo(char * owner,float weight,char * destination,char * content)
{
    strcpy(this->owner,owner);
```

```
    this->weight=weight;
    strcpy(this->destination,destination);
  strcpy(this->content,content);
  }
  float Cargo::calcCharge()
  {
    int i;
    float tw=weight;
    float rc=0.0f;
    float pw=0.0f;
    for(i=0;i<MAXITEM;i++)
     {
       if(tw>(weightRange[i]-pw))
        {
          rc=rc+(weightRange[i]-pw)*chargeRange[i];
          tw=weight-weightRange[i];
          pw=weightRange[i];
        }
       else
        {
          rc=rc+tw*chargeRange[i];
          charge=rc;
          return  charge;
        }
     }
   charge=rc+tw*chargeRange[MAXITEM-1];
   return charge;
  }
  char *Cargo::getOwner()
  {
    return owner;
  }
  float Cargo::getWeight()
  {
    return weight;
  }
  char *Cargo::getDestination()
  {
    return destination;
  }
  char *  Cargo::getContent()
  {
    return content;
  }
  float Cargo::getCharge()
```

```
{
  return charge;
}
class  airCargo:public Cargo
{
  private:
     int dangerLevel;
     char usage[100];
  public:
    airCargo(char *owner,float weight,char *destination,char *content,int dangerLevel,char *  usage);
    airCargo():Cargo("",0,"",""){}
    ~airCargo(){};
    float calcairCharge();
    void init(char *owner,float weight,char *destination,char *content,int dangerLevel,char *usage);
    int getDangerLevel();
    char *getUsage();
};
airCargo::airCargo(char * owner, float weight, char * destination, char * content,int dangerLevel,char *  usage):Cargo(owner,weight,destination,content)
  {
   this->dangerLevel=dangerLevel;
   strcpy(this->usage,usage);
  }
float airCargo::calcairCharge()
{
   float fee;
   fee=Cargo::calcCharge();
   if(dangerLevel==1)
       fee=fee+getWeight()*5;
   charge=fee;
   return fee;
}
void airCargo::init(char * owner, float weight, char * destination, char * content,int dangerLevel,char *usage)
{
  strcpy(this->owner,owner);
  this->weight=weight;
  strcpy(this->destination,destination);
  strcpy(this->content,content);
  this->dangerLevel=dangerLevel;
  strcpy(this->usage,usage);
}
int airCargo::getDangerLevel()
```

```
{
  return dangerLevel;
}
char *airCargo::getUsage()
{
  return usage;
}
airCargo ac[1000];
int count=0;
int showMenu();
void inputData();
void query();
void main()
{
cout<<"这是货物运输费用计算程序"<<endl;
while(count<1000)
{
  int choice;
  choice=showMenu();
  switch(choice)
   {
     case 1:inputData();break;
     case 2:query();break;
     case 3:break;
     case 0:return;
   }
  }
}
int showMenu()
{
  int ch;
  cout<<endl;
  cout<<"请选择你要执行的功能:"<<endl;
  cout<<"1:录入货物数据并计算费用"<<endl;
  cout<<"2:查询数据"<<endl;
  cout<<"3:暂时未用"<<endl;
  cout<<"0:退出程序的运行"<<endl;
  cout<<"请选择:";
  cin>>ch;
  return ch;
}
void inputData()
{
 char owner[40];
 float weight;
```

```
    char destination[100];
    char content[200];
    int danger;
    char use[200];
    cout<<"请输入货主姓名:";
    cin>>owner;
    cin.ignore();
    cout<<"请输入货物重量:";
    cin>>weight;
    cin.ignore();
    cout<<"请输入货物目的地:";
    cin>>destination;
    cin.ignore();
    cout<<"请输入货物内容:";
    cin>>content;
    cin.ignore();
    cout<<"请输入危险物品级别:";
    cin>>danger;
    cin.ignore();
    cout<<"请输入用途简介:";
    cin>>use;
    cin.ignore();
    ac[count].init(owner,weight,destination,content,danger,use);
    ac[count].calcCharge();
    cout<<endl;
    cout<<"货主:"<<ac[count].getOwner()<<endl;
    cout<<"重量:"<<ac[count].getWeight()<<endl;
    cout<<"目的地:"<<ac[count].getDestination()<<endl;
    cout<<"货物内容:"<<ac[count].getContent()<<endl;
    cout<<"危险物品级别:"<<ac[count].getDangerLevel()<<endl;
    cout<<"用途简介:"<<ac[count].getUsage()<<endl;
    cout<<"运输费用:"<<ac[count].getCharge()<<endl;
    count++;
}
void query()
{
  int  i;
  char name[40];
  int num=0;
  cout<<endl;
  cout<<"请输入货主姓名:";
  cin>>name;
  for(i=0;i<count;i++)
   {
     if(strcmp(name,ac[i].getOwner())==0)
```

```
            {
            cout<<endl;
            num++;
            cout<<"货主:"<<name<<"的第"<<num<<"笔货物"<<endl;
            cout<<"货主:"<<ac[i].getOwner()<<endl;
            cout<<"重量:"<<ac[i].getWeight()<<endl;
            cout<<"目的地:"<<ac[i].getDestination()<<endl;
            cout<<"货物内容:"<<ac[i].getContent()<<endl;
            cout<<"危险物品级别:"<<ac[i].getDangerLevel()<<endl;
            cout<<"用途简介:"<<ac[i].getUsage()<<endl;
            cout<<"运输费用:"<<ac[i].getCharge()<<endl;
          }
      }
    if(num==0)
      cout<<"该货主没有运输货物"<<endl;
    }
```

三、实验步骤

(1) 完善程序,确定查询功能的必要性。

(2) 确定算法。

(3) 编码、调试、运行。

四、思考与练习

(1) 通过各种渠道收集、复习软件工程的知识点。

(2) 函数调用时,函数声明的必要性以及格式。

实验 13　吉祥航空货物托运数据文件

一、实验目的

(1) 掌握顺序文件与随机文件在读/写上的不同。

(2) 掌握文件指针的移动与定位。

(3) 掌握结构体或类与文件结合起来的应用。

(4) 了解并掌握流的基本应用。

二、实验内容

(1) 分析实际问题。货物相关信息计算完以后是需要长期保存的。

(2) 分析文件流的作用。

(3) 具体代码如下。

```
#include <string.h>
#include <iostream.h>
#include <fstream.h>
```

```
#define MAXITEM 5
class Cargo
{
 protected:
   char owner[40];
   float weight;
   char destination[100];
   char content[200];
   float charge;
   static float weightRange[MAXITEM];
   static float chargeRange[MAXITEM];
 public:
Cargo(char *owner,float weight,char * destination,char *content);
   ~Cargo(){};
   virtual float calcCharge();
   char *getOwner();
   float getWeight();
   char *getDestination();
   char *getContent();
   float getCharge();
 };
float Cargo::weightRange[MAXITEM]={15.0,25.0,45.0,80.0,500.0};
float Cargo::chargeRange[MAXITEM]={0.0,12.0,15.0,20.0,30.0};
Cargo::Cargo(char * owner,float weight,char * destination,char * content)
{
  strcpy(this->owner,owner);
  this->weight=weight;
  strcpy(this->destination,destination);
  strcpy(this->content,content);
 }
float Cargo::calcCharge()
 {
   int i;
   float tw=weight;
   float rc=0.0f;
   float pw=0.0f;
   for(i=0;i<MAXITEM;i++)
    {
     if(tw>(weightRange[i]-pw))
      {
        rc=rc+(weightRange[i]-pw)*chargeRange[i];
        tw=weight-weightRange[i];
        pw=weightRange[i];
      }
    else
```

```
            {
                rc=rc+tw*chargeRange[i];
                charge=rc;
                return  charge;
            }
        }
    charge=rc+tw*chargeRange[MAXITEM-1];
    return charge;
    }
    char *Cargo::getOwner()
    {
       return owner;
    }
    float Cargo::getWeight()
    {
       return weight;
    }
    char *Cargo::getDestination()
    {
       return destination;
    }
    char *  Cargo::getContent()
    {
       return content;
    }
    float Cargo::getCharge()
    {
      return charge;
    }
    class airCargo:public Cargo
    {
      private:
         int dangerLevel;
         char usage[100];
      public:
       airCargo(char *owner,float weight,char *destination,char *content,int
dangerLevel,char *  usage);
       airCargo():Cargo("",0,"",""){}
       ~airCargo(){};
       float calcCharge();
       void init(char *owner,float weight,char *destination,char *content,int
dangerLevel,char *usage);
       int getDangerLevel();
       char *getUsage();
    };
```

```
    airCargo:: airCargo (char * owner, float weight, char * destination, char *
content,int dangerLevel,char *  usage):Cargo(owner,weight,destination,content)
    {
      this->dangerLevel=dangerLevel;
      strcpy(this->usage,usage);
    }
    float airCargo::calcCharge()
    {
       float fee;
       fee=Cargo::calcCharge();
       if(dangerLevel==1)
           fee=fee+getWeight()*5;
       charge=fee;
       return fee;
    }
    void airCargo:: init (char * owner, float weight, char * destination, char *
content,int dangerLevel,char *usage)
    {
      strcpy(this->owner,owner);
      this->weight=weight;
      strcpy(this->destination,destination);
      strcpy(this->content,content);
      this->dangerLevel=dangerLevel;
      strcpy(this->usage,usage);
    }
    int airCargo::getDangerLevel()
    {
      return dangerLevel;
    }
    char *airCargo::getUsage()
    {
      return usage;
    }
    airCargo ac[1000];
    int count=0;
    int showMenu();
    void inputData();
    void query();
    void writeToFile();
    void main()
    {
    cout<<"这是货物运输费用计算程序"<<endl;
    while(count< 1000)
    {
      int choice;
```

```
    choice=showMenu();
    switch(choice)
    {
      case 1:inputData();break;
      case 2:query();break;
      case 3:writeToFile();break;
      case 0:return;
    }
  }
}
int showMenu()
{
  int ch;
  cout<<endl;
  cout<<"请选择你要执行的功能:"<<endl;
  cout<<"1:录入货物数据并计算费用"<<endl;
  cout<<"2:查询数据"<<endl;
  cout<<"3:将数据信息写入文件"<<endl;
  cout<<"0:退出程序的运行"<<endl;
  cout<<"请选择:";
  cin>>ch;
  return ch;
}
void inputData()
{
  char owner[40];
  float weight;
  char destination[100];
  char content[200];
  int danger;
  char use[200];
  cout<<"请输入货主姓名:";
  cin>>owner;
  cin.ignore();
  cout<<"请输入货物重量:";
  cin>>weight;
  cin.ignore();
  cout<<"请输入货物目的地:";
  cin>>destination;
  cin.ignore();
  cout<<"请输入货物内容:";
  cin>>content;
  cin.ignore();
  cout<<"请输入危险物品级别:";
  cin>>danger;
```

```
  cin.ignore();
  cout<<"请输入用途简介:";
  cin>>use;
  cin.ignore();
ac[count].init(owner,weight,destination,content,danger,use);
  ac[count].calcCharge();
  cout<<endl;
  cout<<"货主:"<<ac[count].getOwner()<<endl;
  cout<<"重量:"<<ac[count].getWeight()<<endl;
  cout<<"目的地:"<<ac[count].getDestination()<<endl;
  cout<<"货物内容:"<<ac[count].getContent()<<endl;
  cout<<"危险物品级别:"<<ac[count].getDangerLevel()<<endl;
  cout<<"用途简介:"<<ac[count].getUsage()<<endl;
  cout<<"运输费用:"<<ac[count].getCharge()<<endl;
  count++;
}
void query()
{
  int  i;
  char name[40];
  int num=0;
  cout<<endl;
  cout<<"请输入货主姓名:";
  cin>>name;
  for(i=0;i<count;i++)
   {
     if(strcmp(name,ac[i].getOwner())==0)
     {
     cout<<endl;
     num++;
     cout<<"货主:"<<name<<"的第"<<num<<"笔货物"<<endl;
     cout<<"货主:"<<ac[i].getOwner()<<endl;
     cout<<"重量:"<<ac[i].getWeight()<<endl;
     cout<<"目的地:"<<ac[i].getDestination()<<endl;
     cout<<"货物内容:"<<ac[i].getContent()<<endl;
     cout<<"危险物品级别:"<<ac[i].getDangerLevel()<<endl;
     cout<<"用途简介:"<<ac[i].getUsage()<<endl;
     cout<<"运输费用:"<<ac[i].getCharge()<<endl;
   }
 }
if(num==0)
  cout<<"该货主没有运输货物"<<endl;
}
void writeToFile()
{
```

```
        ofstream ofs("Cargo.dat");
        int i;
        for(i=0;i<count;i++)
         {
          ofs<<  ac[i].getOwner()<<endl;
          ofs<<ac[i].getWeight()<<endl;
          ofs<<ac[i].getDestination()<<endl;
          ofs<<ac[i].getContent()<<endl;
          ofs<<ac[i].getDangerLevel()<<endl;
          ofs<<ac[i].getUsage()<<endl;
          ofs<<ac[i].getCharge()<<endl;
        }
      ofs.close();
       cout<<"已经将货物数据写入文件：Cargo.dat"<<endl;
     }
```

三、实验步骤

（1）确定文件流的应用必要性。

（2）定义文件流。

（3）确定算法。

（4）编码、调试、运行。

四、思考与练习

（1）顺序文件和随机文件在读/写上有什么不同之处？

（2）文件指针的移动与定位的函数是什么？

（3）文件记录指针如何移动，以及如何记录当前指针的位置？

参考答案

第 1 章

1. C++语言的主要特点包括以下几点。

(1) 由于C++语言全面兼容C语言,因此许多C语言代码不经修改就可以在C++语言中使用。

(2) 用C++语言编写程序的可读性更好,代码结构也更为合理,生成代码的质量较高。

(3) 从开发时间、费用,软件的可重用性、可扩充性、可维护性和可靠性等方面相对C语言都有很大的提高。

(4) 支持面向对象程序设计,符合人类解决实际问题的思维方式。

2. C++语言中有如下两种注释格式。

(1) //为序言性注释,只允许一行注释内容。

(2) /*…*/为一般性注释,通常可以多行。

3. include;define;ifdef

4. 略

5. 编辑,编译,链接,运行。

第 2 章

一、选择题

1. A 2. B 3. A 4. B 5. A 6. C 7. C 8. D 9. A 10. D 11. B 12. C

二、读程序写结果

1. 输出结果为:1 2. 输出的结果为:2 3. 输出结果为:4,5 4. 输出结果为:16

5. 输出结果为:1

三、编写程序

1.

```
#include <iostream.h>
void main()
{
  int year;
  bool leap;
  cout<<"请输入年份:";
  cin>>year;
  if(year%4==0)
    {
```

```
      if(year%100==0)
        {
          if(year%400==0)
            leap=true;
          else
            leap=false;
        }
      else
        leap=true;
      }
    else
      leap=false;
    if(leap) cout<<year<<"年是闰年\n";
    else cout<<year<<"年不是闰年\n";
}
```

2.

```
#include <iostream.h>
void main()
{
  int a,n,i=1,s=0,t=0;
  cout<<"请输入 a 和 n:";
  cin>>a>>n;
  while(i++<=n)
   {
    t=t+a;
    s=s+t;
    a=a*10;
    }
   cout<<"a+aa+aaa+….="<<s<<endl;
}
```

3.

```
#include <iostream.h>
void main()
{
  int a=2,i,sum=0;
  cout<<"全年总生产量为:female";
  for(i=2;i<=12;i++)
    {
      a=(a-0.5)*2;
      s+=a;
    }
  s=s+2;
  cout<<s<<endl;
}
```

4.

```
#include <iostream.h>
#define N  3
void main()
{
  int a[N][N];
  inti,j,sum=0;
  cout<<"请输入"<<N*N<<"数"<<endl;
  for(i=0;i<N;i++)
    for(j=0;j<N;j++)
      cin>>a[i][j];
  cout<<"二维数组为:">>endl;
  for(i=0;i<N;i++)
    { for(j=0;j<N;j++)
        cout<<a[i][j]<<"  ";
      cout<<endl;
  }
  for(i=0;i<N;i++)
    {
     sum+=a[i][i]+a[i][N-i-1];
     if(i==N-i-1)
       sum-=a[i][N-i-1];
    }
  cout<<"对角线元素和为:"<<sum<<endl;
}
```

5.

```
#include <iostream.h>
void main()
{
  inti,j;
  int a[101];
  for(i=1;i<=100;i++)
     a[i]=1;
  a[1]=0;i=2;
  while(i<=100)
   { for(j=i+1;j<=100;j=j+i)
       a[j]=0;
     i++;
}
  for(i=2;i<=100;i++)
  if(a[i]==1)
    cout<<i<<' ';
  cout<<endl;
}
```

第 3 章

一、选择题

1. D　2. C　3. C　4. C　5. B　6. A　7. A

二、读程序写结果

1.

```
0
1
2
3
4
```

2.

```
400
120
```

3.

```
12
16
```

4.

```
Thisis a book
THIS IS A BOOK
```

三、编写程序

1.

```
#include <iostream.h>
float area(float r);
float area(float a,float b);
const float PI=3.14;
void main()
{
  float r,a,b;
  cout<<"please input the radius of circle:"
  cin<<r;
  cout<<"please input the length and width of rectangle:";
  cin>>a>>b;
  cout<<"圆的面积为:"<<area(r)<<endl;
  cout<<"矩形面积为:"<<area(a,b)<<endl;
}
float area(float r)
{
 float s=0;
 s=PI*r*r;
 return s;
}
```

```
float area(float a,float b)
{
  float s=0;
  s=a*b;
  return s;
}
```

2.

```
#include <iostream.h>
int peach(int);
void main()
{
   int i=1;
   cout<<"猴子一共摘了"<<peach(0)<<"个桃子。"<<endl;
}
int peach(int i)
 {
  if(i>=10)
    return 1;
  else
    return 2*(peach(i+1)+1);
}
```

3.

```
#include <iostream.h>
inline int max(int x,int y);
void main()
{
  int a,b,c,res;
  cout<<"请输入三个数:";
  cin>>a>>b>>c;
  res=max(a,b);
  res=max(res,c);
  cout<<"最大数为:"<<res<<endl;
}
inline int max(int x,int y)
{
 return (x>=y)?x:y;
}
```


4.

```
#include <iostream.h>
#include <stdlib.h>
double total=5000;
void wel()
{
  cout<<"**************ATM自动取款系统**************\n";
```

```
    cout<<"请插入您的磁卡(按任意键完成次操作)"<<endl;
    cin.get();
}
void password()
{
    int n,passw;
    for(n=1;n<=3;n++)
    {
      if(n==1)
        cout<<"请输入您的密码(最多允许输入 3 次):";
      else
        cout<<"密码错误,请您重新输入!";
      cin>>passw;
      if(passw==123456)
        break;
}
if(n> 3)
    {
      cout<<"您输入的次数已经达到上限,请联系银行工作人员。"<<endl;
      exit(1);
}
}
int service()
{
  int sel;
  cout<<"**********欢迎使用 ATM 取款系统************"<<endl;
  cout<<"**********请选择您的服务需求**************"<<endl;
  cout<<"              1:查询余额                     "<<endl;
  cout<<"              2:取    款                     "<<endl;
  cout<<"              3:取    卡                     "<<endl;
  cout<<"请输入选择:";
  cin>>sel;
  return sel;
}
void queryMoney()
 {
   cout<<"您的账户余额为:"<<total<<"元。"<<endl;
}
void getMoney()
{
  int number;
  int flag;
  cout<<"请输入您的取款金额:";
  cin>>number;
```

```
  if(total>=number)
   {total=total-number;
    cout<<"请取走现金:"<<number<<"元。"<<endl;
    cout<<"是否需要打印凭证(1/0)?";
    cin>>flag;
    if(flag==1)
      cout<<"您在****年**月**日取款"<<number<<"元。"<<endl;
}
else
  cout<<"您的余额不足!"<<endl;
}
void exitSystem()
{
   cout<<"请取走您的卡,谢谢光临!"<<endl;
   exit(1);
}
void selectService(int sel)
{
  switch(sel)
{
   case 1:queryMoney();break;
   case 2:getMoney();break;
   case 3:exitSystem();break;
   default:cout<<"您的输入有错误!"<<endl;
}
}
void main()
{
 int select;
 wel();
 password();
 do
 {select=service();
  selectService(select);
 }while(1);
}
```


第 4 章

一、选择题

1. C　2. D　3. B　4. B

二、编写程序

1.

```
#include <iostream.h>
int &gradenum(int grade[],int size,int &upsixty,int &lowsixty);
void main()
{
  int array[5][5]={{85,75,56,85,51},{62,78,36,59,44},
                   {85,76,59,86,99},{89,69,54,83,72},
                   {68,72,98,73,88}};
  int ups=0,lows=0;
  int number=5;
  int subject=5;
  for(int i=0;i<number;i++)
      gradenum(array[i],subject,ups,lows)++;
  cout<<"the number of upsixty is:"<<ups<<endl;
  cout<<"the number of lowsixty is:"<<lows<<endl;
}
int &gradenum(int grade[],int size,int &upsixty,int &lowsixty)
{
  int sum=0;
  for(int i=0;i<size;i++)
      sum+=grade[i];
  sum/=size;
  if(sum>=60)
      return upsixty;
  else
      return lowsixty;
}
```

2.

```
#include <iostream.h>
#include <iomanip.h>
#include <stdlib.h>
void transpose(int*  a,int size);   //降维处理
void main()
{
  int A[5][5];
  randomize();
  for(int i=0;i<5;i++){
    for(int j=0;j<5;j++)
       cout<<setw(7)<<(A[i][j]=rand());
    cout<<endl;
  }
  transpose((int*)A,5);
```

```
  cout<<"\n 转置之后:\n";
  for(int i=0;i<5;i++)
  {
    for(int j=0;j<5;j++)
        cout<<setw(7)<<A[i][j];
    cout<<endl;
  }
}

void transpose(int*  a,int size)
{
  for(int i=1;i<size;i++)
    for(int j=0;j<i;j++)
    {
      int temp=a[i*size+j];
      a[i*size+j]=a[j*size+i];
      a[j*size+i]=temp;
    }
}
```

3.

```
#include <iostream.h>
void Swap(char*& str1,char*& str2);
void main()
{
  char* p1="hello";
  char* p2="how are you?";
  cout<<p1<<endl<<p2<<endl;
  Swap(p1,bp);
  cout<<"交换以后:\n";
  cout<<p1<<endl<<p2<<endl;
}
void Swap(char*& str1,char*& str2)
{
  char*  temp=str1;
  str1=str2;
  str2=temp;
}
```


4.

```
#include <iostream.h>
const size=10;
void findmax(int*  a,int n,int i,int& pk);
void main()
{
  int a[size];
```

```
    int n=0;
    cout <<"please input"<<size<<"datas:\n";
    for(int i=0;i<size;i++)
       cin>>a[i];
    findmax(a,size,0,n);
    cout<<"the maximum is"<<a[n]<<endl <<"It's index is"<<n <<endl;
  }
  void findmax(int*  a,int n,int i,int& pk)
  {
    if(i<n){
      if(a[i]>a[pk])
        pk=i;
      findmax(a,n,i+1,&pk);
    }
  }
```

第 5 章

一、选择题

1. B　2. A　3. C　4. D　5. A　6. C　7. A　8. A　9. C　10. D　11. D

二、读程序写结果

1.

```
i=0.j=0
i=2,j=3
```

2.

```
default constructor called.
i=0
destructor called.
```

第 6 章

一、选择题

1. C　2. B　3. D　4. D　5. A　6. A　7. D　8. B　9. B　10. B　11. D　12. A

二、填空题

1. 派生;父;子　2. 不能　3. 私有派生　4. 20　20　5. BA;AB　6. 虚函数;virtural
7. 编译(或静态);运行(或动态)　8. b. func1;A. func2;C. func1;A. func2
9. 30　330

三、读程序写结果

1.

```
CAnt::Draw()
CSpider::Draw()
CAnt::Draw()
CWorm::Draw()
```

2.

```
CAnt::Draw()
CAnt::~ CAnt()
CWorm::~ CWorm()
```

3.

```
CAnt::Draw()
```

四、编写程序

```
#include <iostream.h>
class Employee{
public:
    Employee(char *theName,double thePayRate);
    char *getName();
    double getPayRate();
    double pay(double hoursWorked);
protected:
    char *name;
    double payRate;
};
Employee::Employee(char * theName,double thePayRate)
{
  name=theName;
  payRate=thePayRate;
}
char *Employee::getName()
{
  return name;
}

double Employee::getPayRate()
{
  return payRate;
}
double Employee::pay(double hoursWorked)
{
  return hoursWorked*payRate;
}
class Manager:public Employee
{
 public:
   Manager(char *theName,double thePayRate,bool isSalaried);
   bool getSalaried();
   double pay(double hoursWorded);
protected:
   bool salaried;
```

```
};
Manager:: Mangager (char * theName, double thePayRate, bool isSalaried):
Employee(theName,thePayRate)
{
  salaried=isSalaried;
}
bool Manager::getSalaried()
{
  return salaried;
}
double Manager::pay(double hoursWorked)
{
 if(salaried)
return payRate;
return Employee::pay(hoursWorked);
}
class Supervisor:public Employee
{
 public:
Supervisor (char * theName, double thePayRate, double theBouns): Employee
(theName,thePayRate),bouns(theBouns)
{ }
double getBouns()
{
   return bouns;
}
double pay(double hoursWorked)
{
return payRate+ bouns;
}
protected:
   double bouns;
};
void main()
{
  Employee e("Jack",50.00);
 Manager m("Tom",8000.00,true);
Supervisor s("Tanya",8000.00,8000.00);
cout<<"Name:"<<e.getName()<<endl;
 cout<<"Pay:"<<e.pay(154)<<endl;
cout<<"Name:"<<m.getName()<<endl;
cout<<"Pay:"<<m.pay(154)<<endl;
cout<<"Name:"<<s.getName()<<endl;
cout<<"Pay:"<<s.pay(154)<<endl;
}
```

第7章

一、填空题

1. 成员运算符;指针运算符;作用域运算符;条件运算符;地址运算符　2. 成员;友元　3. 0　4. 成员函数;友元函数;成员函数　5. 成员函数;友元函数　6. operator

二、选择题

1. B　2. D　3. D　4. A　5. D　6. A　7. D

三、完善程序

1. st;String;st　2. i<b. len;i<a. len

四、读程序写结果

1. 11　9　2. 10　7

第8章

一、选择题

1. C　2. D　3. A　4. D　5. C　6. D　7. A　8. D　9. D　10. C

二、读程序写结果

1.

```
###123.457
123.46
+123.46
+123457e+002
```

2.

```
www.cctv.com
1010101010
I love C++  programming.
Yeah!
Lines:4
```

3.

```
6789
abcdefg
```

4

```
n=31
Hi,welcome to www.cctv.com!
```

5.

```
decVal:1000
octVal:512
hexVal:4096
```

三、编写程序

1.

```
#include <iostream.h>
#include<iomanip.h>
#include<cmath.h>
void main()
{
cout<<setw(4)<<"x"<<setw(10)<<"sin(x)"<<setw(10)<<"cos(x)"<<setw(10)<<"
tan(x)\n";
cout<<"··································\n";
for(int i=1;i<=10;i++)
   {double x=3.14*i/180;
   cout.setf(ios::right,ios::adjustfield);
   cout.precision(4);
cout<<setw(4)<<i<<setw(10)<<sin(x)<<set(10)<<cos(x)<<setw(10)<<tan(x)<
<endl;
  }
}
```

输出结果为：

```
x          sin(x)          cos(x)          tan(x)
················································..
1          0.01744         0.9998          0.01745
2          0.03488         0.9994          0.0349
3          0.05231         0.9986          0.05238
4          0.06972         0.9976          0.06989
5          0.08711         0.9962          0.08744
6          0.1045          0.9945          0.1051
7          0.1218          0.9926          0.1227
8          0.1391          0.9903          0.1405
9          0.1564          0.9877          0.1583
10         0.1736          0.9848          0.1762
```

2.

```
#include <isotream.h>
#include <fstream.h>
Void main(0
{
  fstream myoutfile,myinfile;
  char ch1,ch2;
  myinfile.open("file1.txt",ios::in);
  myoutfile.open("file2.txt",ios::out);
  while(myinfile.get(ch1))
    {
    cout<<ch1;
    if(ch1>=65 && ch1<=90)
```

```
        ch2=ch1+32;
      else
        ch2=ch1;
      myoutfile.put(ch2);
  }
  cout<<endl;
  myinfile.close();
  myoutfile.close();
  }
```

3.

```
#include <iostream.h>
#include <fstream.h>
int copyFile(char srcFile,char *  desFile);
int nlines=0;
void main()
{
   char sfname[60],dfname[60];
   cout<<"input source file and destination name:\n";
   cin>>sfname>>dfname;
   copyFile(sfname,dfname);
   cout<<"Lines:"<<nlines<<"\n….Finish!...\n";
}
int copyFile(char *  srcFile,char *desFile)
{
  char buf[80];
  ifstream infile(srcFile,ios::in);
  ofstream outfile(desFile,ios::out);
  if(!infile)
  {
    cerr<<srcFile<<":File open error!\n";
    return 0;
 }
 if(!outfile)
 {
    cerr<<desFile<<":File open error! \n";
    return 0;
  }
  while(! infile.eof())
  {
     infile.getline(buf,sizeof(buf));
     nlines++;
       outfile.write((char *)buf.sizeof(buf));
    }
  return 1;
 }
```

第 9 章

一、编写程序

1.

```
#include <iostream.h>
#include <string.h>
template<class T>
T min(T& a,T& b)
{
  return a>b?b:a;
}
char* min(char* a,char* b)
{
  return (strcmp(a,b)>0? b:a);
}
void main()
{
  cout <<min("Hello","Good") <<endl;
  cout <<min(3,8) <<endl;
}
```

2.

```
#include <iostream.h>
class A{
  public:
     class Error{};
     A( )
       {
          n= new int;
          init();
       }
   private:
     int* n;
     void init()
       {
       //do something ...
       throw Error();
     }
};
void main()
{
   try{
     A a;
```

```
    }
    catch(A::Error&){
        cout <<"error when initialize.\n";
    }
}
```

参考文献

[1] 许华,张静.C++程序设计项目教程[M].北京:北京邮电大学出版社,2012.

[2] 曾辉,王更生,李广丽.C++程序设计实训教程[M].北京:北京邮电大学出版社,2009.

[3] 刘卫国,杨长兴.C++程序设计实践教程[M].北京:中国铁道出版社,2008.

[4] 郑莉.C++语言程序设计习题与实验指导[M].北京:清华大学出版社,2000.

[5] 钱能.C++程序设计教程(修订版)——设计思想与实现[M].北京:清华大学出版社,2009.

[6] 张福祥.C++面向对象程序设计基础[M].北京:高等教育出版社,2005.

[7] 邓振杰.C++程序设计[M].2版.北京:人民邮电出版社,2008.

[8] 吴绍根,陈建潮,张婵.C++面向对象程序设计[M].北京:清华大学出版社,2005.